培訓叢書 ⑷⓪

培訓師手冊（增訂六版）

張可武　任賢旺　黃憲仁　　編著

憲業企管顧問有限公司　　發行

《培訓師手冊》增訂六版

序　言

培訓師是目前很熱門的行業之一，這是台灣第 1 本專門針對培訓師、講師的工具書，身為培訓師、講師所應瞭解確實做到的各種工作技巧，這本書均予以列舉介紹，並附詳例說明。

作者本身是培訓班資深講師，本身也在大學擔任＜培訓師養成技巧>的授課老師，本書是我的授課教材，後來擔任企管培訓班的資深講師，有豐富的培訓師演講經驗。在多年上班族生涯中，亦曾擔任企業的內部講師，深知企業內部講師的各種實際狀況與問題點，如何才能提升培訓績效。

原書上市後，受到讀者歡迎，再版多次，銷售數萬本，台灣著名企業培訓師幾乎人手一冊。2020 年 4 月推出改版，增訂第六版，內容全部重新檢查、增補，內容更佳，增加檢核表、圖表、管理辦法、案例等。

作者擔任憲業企管公司經營顧問多年，深深感受到：部門主管除了要完成上級所交付之部門績效，更要積極培育本部門員工、儲備主管，他尚有一個重要任務：擔任公司內部講師，傳授本部門工作項目之工作技巧與達成方法。

本書＜培訓師手冊>是 2020 年 4 月增訂六版，各章內容精彩：培訓師本身應具備的能力與素質、培訓工具的規劃、培訓工作的項目、如何開發培訓課程、各種培訓方法的優劣比較，培訓師如何強化本身的培訓技巧，培訓師如何開場、控場、收場的技巧…………是企業的實務工具書。

這本《培訓師手冊》適合大學部採用為授課教材，也適合企業採購，作為部門主管參考的工具書。原稿內容主要由張可武完成，陸續添加任賢旺、黃憲仁作者的多年培訓心得，內容更充實。

本書既有深厚的培訓理論功底，又提出培訓工作的具體做法，加上培訓專家的寶貴經驗，內容精彩，全書操作性極高，實為培訓師必備的工具書，更是培訓部門經理、人力資源部門經理、部門主管必備的參考手冊。

2020 年 4 月

《培訓師手冊》增訂六版

目　錄

第 1 章

培訓師必須具備的專業能力

一、培訓師的基本素質

企業的培訓師一般有兩種:一是本企業人力資源部門或培訓部門的管理人員;另一種是外聘專職培訓師。無論是內部人員還是外聘培訓師,他都必須具備熱情、活力、知識、智慧以及優秀的輔導能力的特點。簡而言之,企業培訓師應具備三方面的基本素質:知識、技能、態度。

1. 知識

企業培訓師必須掌握兩方面的基本知識:一是與培訓工作相關的知識,例如培訓的基本理念、培訓工作的內容、流程等;二是與培訓課程相關的知識,例如專門從事營銷培訓的培訓師,需精通有關市場營銷的相關知識。現在有很多培訓師是全能型的,他們通曉多種管理模式和技術知識。

2. 技能

技能分為技術和能力兩方面，培訓師需要掌握一定的授課技巧，如何有效地運用身體語言去加強授課的效果。思維能力、分析能力、表達能力等也是必不可少的。

3. 態度

對於任何一個職業人士來說，其對工作、對人生的態度會直接影響工作的效率，並影響著其所在企業的績效和他自己的職業生涯。培訓師的職責不僅僅是傳授知識，還應啟發培訓對象思考，開發培訓對象的熱情和潛力，如果培訓師本人沒有積極、自信、負責的心態，就很難做好這份工作，很難對他的培訓對象產生影響。

優秀的培訓師具有積極向上的人生態度和正確的價值觀，在工作中，他們會表現出：認真負責、有愛心、熱情、細緻、耐心、靈活、開放、誠實、幽默、思維敏捷、冷靜和客觀。

自信加熱忱是優秀培訓師的基本素質。

二、培訓師的三種角色

在培訓前的準備和培訓中的實施過程中，培訓師要擔當的角色從性質上來看，並不是單一的。要完成一個培訓項目，培訓師至少要扮演編、導、演這三種角色。

1. 編

在正式培訓前的準備過程中，培訓師主要扮演編劇的角色。

這時候，培訓師要根據課程目標和受訓對象的特點，編寫所需的教案、分發的資料、手冊等書面材料。這就要考驗培訓師的筆下功夫和構思策劃能力了。需要做的工作包括：如何寫出內容翔實的《培訓師手冊》，並且把其中的關鍵內容濃縮在演示材料（大多是 PPT）中；如何編排整節培訓課的授課內容和授課方式，使之錯落有致而又能緊扣課題；如何選擇能夠吸引學員注意力的遊戲、案例、討論主題等。這些事前準備工作將極大地考驗培訓師的編寫能力。

2. 導

培訓一旦進入到實戰階段，就是培訓師實行導演工作的時候了。

在培訓前撰寫劇本的基礎上，培訓師要按照事先編好的步驟，什麼時候開場，什麼時候給學員分組，什麼時候提出問題讓他們思考回答，什麼時候組織一個遊戲來活躍氣氛……這些都需要培訓師以嫻熟的技巧，來引導和指揮學員按部就班、有條不紊地完成。

在「導演」過程中，培訓師要保證課堂的氣氛活躍，引導學員輕鬆、自然地參與各種活動，讓學員能夠在思想上、行為上有所收穫。

3. 演

最後要說的，也是培訓師在培訓現場最重要的一個角色——演員。

培訓師要長時間地站在學員面前發表演講，用語言、聲調、手勢、表情等來綜合表達課程內容，傳遞資訊和思想。在這個意義上，培訓師必須要像一個演員一樣有豐富的表現手段和高超的演講技巧，才能夠在幾十雙眼睛的注視下口若懸河、表現自如。

能夠在初次見面的陌生人，甚至可能在某些方面知道得比自己要多的人面前，流暢自如地講解一些或是簡單、或是深入的知識，並不是一件輕鬆的事。幸好，幫助培訓師出色扮演「演員」這一角色還有不少有用的工具，如克服緊張情緒的技巧、演講的技巧、身體語言的表達技巧等。

美國有一份調查問卷，向被訪者詢問最令其感到恐懼的事是什麼？數萬份調查問卷顯示的結果是：最令美國人感到恐懼的事情是當眾演講，而死亡則排在第七位。

三、培訓師的兩項職責

培訓師有兩個基本的職責，一個是專家，一個是培訓引導者。

職責一：專家

所謂專家，就是對所講授的課程內容有一定程度深入而獨到的見解，在這方面知識的掌握上要比一般人、至少比學員略勝一籌的人。擔當專家職責的時候，培訓師通過知識和見解的傳遞，對學員授之以「魚」。

職責二：培訓引導者

培訓引導者，則是指引導受訓學員對圍繞課題有關的內容，進行自發探討和總結的人。由於成人多半有著豐富的工作和生活經歷，對很多事物有著自己的看法和經驗，所以在學習新事物時，培訓師只要能夠引導、啟發他們的思路，讓學員自己對培訓的內容主動進行思考和總結，就會取得良好的學習效果。在培訓引導的過程中，培訓師教會了學員解決問題、掌握技能的方法和思路，是授之以「漁」。

這兩種職責對於培訓師來說，都是必不可少的。試想：如果僅僅作為專家出現在課堂上，只是以講授的方式來進行培訓，那麼，企業和學員都會認為這和在學校上課沒有什麼區別，還不如請一位該領域的大學教授來上課。更重要的是，這樣的專家論壇式單方面的授課，對企業的實際運營、對員工所要提高的解決實際問題的能力，沒有多大的幫助。

同樣的，如果培訓師只是作為一個培訓引導者，啟發引導學員的思路，思考工作和生活中相關的實際問題，卻不能給予客觀且標準的解決方案，那麼，企業和學員也會有怨言：如果只是提出問題和進行思考的話，公司內部開腦力激盪會議就可以了，何必要請培訓師來講課呢？既然要培訓，肯定是企業和個人需要提高某方面的知識和能力。

如果一場培訓下來，只是做做遊戲、聽聽故事、討論討論，在現場情緒激動，回來之後卻沒有什麼可以記住和回味的東西，那培訓也就沒什麼意義了。

四、培訓成功的三個因素

培訓成功的標誌就是，對學員能夠產生高度激勵，激發他們的學習熱情。培訓成功的三個重要因素就是培訓內容、培訓方法和培訓師的影響力。

1. 培訓內容

培訓內容是三個方面當中最為重要的方面。如果培訓內容合乎學員的學習目的、學習動機，會讓他們進入主動學習狀態。主動學習的狀態意味著他們會根據自己的目的建立學習策略，找到適合自己的學習方式，克服學習障礙。對於一個非常渴望通過學習獲得某方面資格證書的學員來說，即使培訓師授課技巧差強人意，教學方法不適合他的個人學習風格，他也會主動地進行學習。

培訓內容對學員的激勵包括以下幾點：

· 培訓內容設計符合學員需要

· 教學內容難度設計適中

· 培訓資料的相關性

· 課堂作業和課後作業的難易程度

2. 培訓方法

在培訓內容已經確定的前提下，培訓方法的運用能夠有效提升學員主動學習的熱情。當培訓師用新的手法講述一個並不新的觀念時，好的手法本身就能夠提升學員的積極性，參與到學習當中去。這一發現的重要意義在於：培訓的方法，即用一種什麼樣的方式傳達課程內容是至關重要的。同時，培訓方法也是培訓課堂設計的重要組成部份。培訓方法對學習熱情的激勵意味著：

· 不同培訓方法的搭配和安排

· 培訓方法是否安排了學員參與的部份

· 課程組織的多樣化

· 是否有合適的、具體的、精彩的例子

· 培訓方法對於學員的挑戰性

· 培訓方法能夠有助於學員之間形成和睦氣氛

基於這一點，使培訓師對於怎樣傳達課程內容的研究不斷深入，形成了一系列能提升學習效果的方法。根據作者的工作經驗，本書特別挑選了四種培訓中常用的方法進行說明。

3. 培訓師的影響力

培訓師對培訓內容是否合乎學員的目的性及教學方法是否滿足學員的需要都施加了自己的影響，這種影響又對學員的學習效果造成影響，因此，在研究學習效果的時候，我們不能忽視培訓師的作用。一方面培訓師的作用依賴於對學習內容的詮釋和培訓方法的使用；另一方面，教學如同將劇本拍攝成電影一樣，是一個再創造的過程。培訓師的經驗和技巧使學員和教學內容之間有了一個巧妙的嫁接和補充，培訓師和學員之間形成一個互動的環。具體地說，培訓師對學員的激勵作用在於：

· 培訓師對所講授科目的熱情

· 培訓師對學員的期望標準

· 培訓師對學員的回饋和肯定

· 培訓師和學員的和睦程度

有些學員天生就有強烈的學習熱情，但是有些卻需要培訓師的引導和啓發。對於如何啓發和激勵學員，沒有一個統一的、惟一的標準。讚美和他人的認可能夠激勵某些學員，另一些人需要的可能是高度的挑戰和苛刻的任務，克服挑戰的緊張和刺激能最大地激發他們的熱情。學員的激勵程度能夠直接對學習效果形成影響。培訓師在設計教學項目和教學過程當中不妨參照和檢查以上三個重要方面。

五、培訓師的九大能力

成為一個優秀的培訓師還需要那些方面的能力呢？培訓師還應普遍具有以下九個方面的能力：

1. 溝通力

良好的溝通能力是對一個優秀培訓師的基本素質要求。優秀培訓師除了培訓前期要與客戶人力資源部門、學員甚至其領導進行很好的溝通外，還需在培訓開始前友善地與每個學員進行溝通，充分瞭解學員在培訓現場的動機和心態。他需要在培訓過程中的休息期間和學員進行交流，從而在整個培訓過程中能準確有效地把好學員的「脈」，在課程中和學員進行與培訓主題緊密結合的充分互動。

2. 影響力

面對幾十個或上百個陌生的成年人，你是否有能力去引導他們的思路，掌控他們的思維，就要看培訓師的影響能力了。如果你有足夠的影響力，你就會很快地把你自己和課程推銷給學員。這並不僅僅依賴於你開場時對自己經歷做的一番添枝加葉的描述，也不僅僅依賴於你以某個新穎、大膽的觀點在學員中造成瞬間的衝擊，而要看你在培訓過程中能否一直讓學員們心甘情願地順著你的思路走。

3.表達力

這裏的表達既指口頭語言的表達，也指肢體語言的表達。對語音、語調、語速的掌握就不用說了，課程中適當的時候使用一些手勢、表情的技巧也不用說了，最重要的是，培訓師在面對學員的時候，要有一種表達的願望。有的培訓師就非常具備這種特質，越是在人多的場合越是興奮、越是想表達自己，所以不管在多麼疲累、缺乏準備的情況下，一上演講台就精神抖擻。當然，不是要求所有的培訓師都有如此高的職業「天賦」，但至少在眾人面前不木訥、不羞於張口、不手足無措，這些是最起碼的素質。另外，培訓師所掌握得最多的臨場技巧是有關語言表達方面的：

· 講述的時候要條理清晰、內容充分、深入淺出；
· 講故事的時候，要用輕柔、自然的聲音娓娓道來，並善於添枝加葉，打動人心；
· 進行案例分析的時候，要有理有據，具有雄辯的說服力；
· 和學員進行互動遊戲的過程中，要放下培訓師的威嚴，用風趣幽默的語言和生動的示範動作，打破課堂的沉悶，消除學員間的隔膜。

4.應變力

在培訓中，人員、任務或環境發生變化是常有的事情。有時候，這種變化會很大而且很突然。但無論發生什麼，你都要排除困難以保持培訓效果。例如，投影儀突然失靈、電腦軟體發生故障，這不啻為培訓師的滅頂之災。你這時要不露痕跡地拖延時間，並取得學員的諒解，等待機械師的迅速修復；或者，有學員故意作出和你培訓意圖相反的回答時，你還可以不慍不怒地說一句：「這位學員，可真會開玩笑！」或幽默地來上一句：「這倒是一個有創意的想法，大家為他鼓掌好不好？」

5. 組織力

作為一個培訓師，要做大量煩瑣而細緻的前期工作，包括對課程內容、形式、流程的編排和設計，對上課時間、地點、用具的考慮，以及各個受訓單位或學員的特殊要求。能否對這些進行有序的計劃和安排，是保證課程能否順利進行和完成的前提條件。同時，培訓師還要考慮到出現意外情況的可能，預留一些時間和資源。做好了計劃，再按照計劃嚴格地組織和安排培訓活動，以使培訓能順利開展。

6. 觀察力

觀察力簡單來說是指，培訓師在培訓課堂上要善於「察言觀色」：學員的眼神有沒有遊離，動作是否長時間保持不變，對培訓師的提問有沒有反應，學員在聽了某一個知識點之後，是迷惑不解的神態，還是作恍然大悟狀，或是若有所思，頻頻點頭……這些無意識的反應可以看出學員對培訓內容的理解和掌握的程度；課程進行中，學員表露出焦急的神態，可能是有其他事務需要處理，學員緊盯著培訓師欲言又止，大概是想發表自己的見解，學員始終保持著抗拒的身體姿態，或許是對課程有意見……

總之，學員有意無意表現出來的語言或非語言的信號是培訓師應該時刻注意的，並要隨時調整自己的授課進度或方法以配合學員的心理狀態。因為培訓課程是以學員為中心的，培訓的目的是讓學員理解知識、掌握技能，而非培訓師的單方面灌輸。時刻把握住學員的狀態和需求是培訓師的基本功。

7.控場力

一個優秀的培訓師其實也是一個優秀的諮詢顧問。培訓師激起氣氛和實現互動主要是通過提問這種看似簡單的技巧來實現的。培訓師通過大量的提問和引導提問並提供很有說服力的回答來博得學員的好感與尊重，從而使學員的參與積極性和熱情得到大大的提高，以至於在培訓過程中爭相提問。而在這樣的互動過程中，培訓師確實又扮演著諮詢師的角色。學員在提出問題時，培訓師需要運用大量高超的培訓技巧，如引導、鼓勵、轉移、傾聽、提問等方法，並結合自己豐富的工作經驗，最終給學員以滿意的答覆。這個過程是深厚功力和大量技巧綜合應用的過程，也考驗了一個培訓師的「內功」是否扎實。

8.激勵力

培訓是一個不論在體力還是精力上消耗都很大的工作。站了一整天、講了一整天、維持了一整天的課堂氣氛之後，培訓師的身體和精神已經極度疲勞，是否還有動力進行第二天的課程準備和課程講授？這就要完全看你的自我激勵能力了。你能否在體力精力大量透支的情況下，以正面積極的情緒影響自己、鼓勵自己把培訓繼續下去，甚至把培訓做得更好，這將是一個很大的挑戰。如果你缺乏自我激勵的能力，培訓對於你將是一件痛苦的事情，學員也會很容易地察覺到這一點。

9.學習力

對於培訓師而言，學習是工作的一部份。學習可以達到兩個目的：一個是培訓師自身的進步和提高。通過學習，培訓師有了新的收穫，就等於是增加了自身的「內力」和職業含金量；另一個是學員的學習進步。通過對課程相關內容的不斷充實、提高，對授課技巧的努力鑽研，培訓師可以在課堂上給學員帶來更多的資訊和更多的成長動力。而做到這一點，最重要的是擁有一個開放的學習心態：不是固守已有的湯湯水水，而是想著還有更多的精華，可以加入和充實到培訓課程中去。

六、培訓師的職業生涯規劃

從對培訓躍躍欲試，不斷修煉終於成為一名正式的培訓師，再到不斷實踐、不斷學習、不斷積累，這期間，其實是有著一種規劃，有了職業生涯規劃，培訓師才能走得更遠。

1. 定位

「定位」引申到培訓行業中來，是指培訓課程的選擇(多個課題選擇，如管理技巧、職業經理人、銷售技巧、團隊訓練工程管理等)和培訓基本印象的形成，選擇泛定位的培訓師多半是自由培訓師。而專定位是指培訓師各項技巧的形成(可以理解成為個性定位)，另外，培訓的品牌定位也相當重要，選擇專定位的培訓師是在其中一個培訓課程中取得了相當顯著的成效且課程專一。

培訓課程的制訂，是打開市場的基本要求，定位的好處就在於確定了培訓領域，培訓的範圍更廣闊一些，同時明確了顧客群體，在大的發展方向上做出了指向。

定位的優勢在於容易在某一個領域取得別人無法取得的研究成果，美譽度與知名度雙豐收，獲取更多的客戶源。

做培訓師的第一步，就是根據自己的實際情況考慮自己的定位，自己是適合做專定位的培訓師還是泛定位的培訓師，這一基本定位就大致決定了今後的發展方向。

2.參與實踐

實踐過程是主觀認識同客觀事物相聯繫的橋樑。言行一致是培訓師的必修之課。你在講銷售技巧嗎？那你做過銷售嗎？你是在講成功經理人吧？那你做過經理人嗎？在你講課的時候，你有足夠的實踐經驗讓你感到自信嗎？當你站在學員面前的時候，你認為你能夠令他們折服嗎？

無論我們做什麼培訓，沒有實戰經驗，第一無法服人，第二自己沒有底氣，第三，我們將喪失良好的信譽和口碑。

3.學習

培訓師必須學習敬業精神和職業道德，提高個人的學習能力，向那些優秀的培訓師學習，同時，不要吝嗇自己的經驗，與同行們互相交流經驗可以學到更多的知識。

學習力是培訓師技能累積的基礎，針對學習內容，也就是培訓師應該學習什麼？

培訓師必須學習所講課程的理論知識，並且形成一個具體的理論框架。這是開展培訓的最基本要求，這就意味著培訓師對課程領域的知識、信息、技能具有相當的理論功底。另外，學員對於培訓師相當苛刻，隨時都在考究培訓師的素質，不僅僅是「講」的水準，現場的控制能力、現場氣氛的調節、外在形象、氣質等方面，都是學員的考究對象。對於培訓師來說，永遠沒有最好，只有更好。

4.培訓演練

許多欲從事培訓行業的朋友總是會問同一個問題：「怎麼做培訓師？」其實就一個字，做！想成為培訓師的第一實踐活動就是「培訓」。

不要只在一旁觀察別人培訓，作為旁觀者的代價是一無所獲，我們觀察別人做培訓似乎很容易，當自己登上場時卻免不了雙腿顫抖。抓住每一次培訓的機會，讓學員作為培訓評委，很多人在台上自我感覺良好，其實學員的評價並不怎麼歡喜。積極地獲取回饋信息是自我認知的方法之一。

5. 行銷宣傳

好的培訓師必須要讓大家知道。打響知名度並不是完全靠美譽度。行業間流傳著這樣的看法：好的培訓師都是行銷高手。事實也確是如此，從行業間著名培訓師的宣傳資料就可以看出區別所在：合適的宣傳管道，合適的宣傳媒介，合適的合作機構，合適的培訓價位……

隨著越來越多的人加入培訓行業，行業競爭也是越來越激烈。在一個競爭不斷加劇的市場環境中，人們選擇培訓師的根據，一方面是培訓師的知名度和美譽度，另一方面就是看此培訓師的宣傳策劃。為了成功地推銷自己並在商業上取得成功，培訓師要具有事業心和對成功的強烈渴望，以對培訓的「富有感染力」的熱情、「能做好」的自信、完成任務的充沛精力、面對拒絕時的韌性和決斷力，承擔新的風險和挑戰及進入未知領域的意願，經常挑戰自我並激勵自我，才能更成功地銷售自我。

第2章

上課前先要瞭解你的學員

一、分析學員

培訓師在瞭解成人學習的特點後，還要去分析即將參加培訓的學員的共性和差異，以便做到有的放矢，因材施教，培訓成功。

對學員情況分析主要包括以下內容：

⑴參加培訓的總人數

⑵學員的性別比例

⑶學員的共同點

⑷學員參加培訓的意願

⑸培訓師與學員的熟悉程度

1. 培訓學員規模小(少於 15 人)

培訓人數少，有利於培訓師有針對性的教學，所有的學員都在培訓師的注意力範圍內。但是學員會因為被注意的機會增多而隱藏自己內心的想法，容易使培訓師判斷錯誤。

優　　點	缺　　點
· 場面容易控制 · 有利於培訓師觀察學員 · 學員精神集中 · 培訓師與學員溝通機會多	· 可能會出現冷場 · 學員情緒較隱蔽，不會輕易表現自身的煩躁、不安、心不在焉等 · 可利用的培訓方法少

2. 培訓團體(多於 15 人)

人數多，要求培訓師有非常強的控制場面能力，培訓師很難兼顧所有學員的需要。

盡可能地進行小規模培訓，這樣更有利於培訓師觀察學員的反應和與學員溝通。如果是團體的培訓，要盡可能地關注每一位學員。

優　　點	缺　　點
· 氣氛活躍 · 可利用的培訓方法較多 · 能獲得更多的新見解	· 場面容易混亂 · 培訓師不能觀察和注意所有學員 · 學員開小差的機會多 · 培訓師難以與每個學員溝通

3. 學員的性別比例

男性與女性有著迴然不同的表達方式：男性會說「我明白了」,「我同意」之類的話表示自己理解了資訊。而女性如果理解了某件事情，她們會以點頭或是「嗯」、「是」這些語氣詞來表示。

在能力方面，女性的持久力、機械記憶力和形象思維能力較強；而男性的反應能力、邏輯推理能力、抽象思維能力較有優勢。

4.學員的共同點

學員的年齡、知識水準、資歷、工作內容，甚至是興趣、愛好培訓師都要盡可能地去分析和瞭解。

授課時應注重以「情」動人：淺顯的語言、幽默的談吐、活潑的授課形式、親切的微笑能增加課程的吸引力。

授課時應注重以「理」服人。培訓師應具備專業的形象，在培訓中用詞要恰當，證據和案例要有力，這樣才能提高權威性。

5.學員參加培訓的意願

注意：非自願參加者可能會成為麻煩的製造者。

對於非自願參加的學員，培訓師應該增加授課的趣味性，多讓他們發表自己的見解，增強與他們的溝通。

6.與學員的熟悉程度

假如你是企業人力資源部門的人員，那麼你可能會與你的學員較為熟悉，但若你是外聘培訓師，你與學員之間就不一定會彼此相識了。

如果彼此相互認識的話，學員從一開始就能接受你，教學雙方相互之間的溝通和交流相對容易。素未謀面的話，學員可能需要一段時間來適應你。但從另一方面來說，學員對你的好奇，在一定程度上可以吸引他們的注意力，這時，培訓師上課時首先要消除眾學員的陌生感，進行「破冰船」等遊戲來打破隔膜是較好的方法。

二、學員的學習風格類型

個人學習風格往往是先天的，但後天刻意的教育和練習也會產生變化。個人學習風格與人的性格一樣，無所謂那一種最好，那一種最優越。

有三種常見的個人學習風格：即視覺型、聽覺型、體驗型。

1. 視覺型(通過看圖像來學習)

視覺型學習者用視覺處理資訊的能力最強。他們關注事物的外型、顏色、體積。他們擅長看地圖，對圖表和表格一目了然，他們也喜歡閱讀，能迅速瞭解閱讀到的資訊。同樣，他們喜歡有人向他們展示如何做一項新的工作或技巧。總之，他們喜歡有大量視覺幫助的學習環境。視覺型的學員不喜歡老師不停的講授或者討論，這讓他們感覺乏味，他們也不喜歡僅僅根據口頭的指示完成複雜的任務。

2. 聽覺型(通過聆聽來學習)

聽覺型的學習者主要通過聽覺來學習和處理資訊。與視覺型的學習者相反，他們不喜歡閱讀，根據閱讀獲取知識會讓他們覺得十分辛苦和不耐煩；他們多半不喜歡看地圖或圖表，絕對不喜歡根據某個圖例或書面指示完成某項任務。聽覺型的學習者喜歡通過課堂講授、討論、廣播或者錄音來學習，即使長時間聽錄音，也不會覺得不能忍受。

他們也喜歡與經驗豐富的人士或者某一行業的專家進行交談來學習。他們在學習時，很喜歡有人告訴他們，應該怎麼做，正確的做法是什麼。如果課堂上有輕鬆的音樂或者刺激聽覺的誇張聲音，對他們來說是再好不過了。如果你要通過 E-mail 的形式給聽覺型的人一項重要任務，不管標註了多少個重要級別，可能都不如打電話溝通效果更出色。

3. 體驗型(通過體驗和操作來學習)

體驗型的學習者通過動手操作或經歷、感受某個情景而認知事物。他們覺得光是閱讀或講授都很單調，在傳統的以聽說為主的課堂，他們的注意力只能集中很短的時間，他們喜歡來回走動，或者手上玩弄著鉛筆。長時間的被動聽講會讓他們渾身難受。他們喜歡親自參與案例，喜歡親手繪製某個圖表或者做某個實驗。他們喜歡動手，在不斷地對錯誤的嘗試中進行學習。

很多人開始是體驗型，建立了視覺優勢，後來形成了聽覺優勢。在西方文化社會中，較多的是視覺型學員，而對於中國人，聽覺型的人佔有很大的比重。

絕大多數人一般傾向於其中的一到兩種學習風格。但沒有一個人100%絕對只是純粹的一種風格，即使是聾子或者盲人。

三、培訓師如何應對不同學習風格的學員

對於視覺型的學習者	培訓師應該： 在開會或者培訓開始前準備與課程相關的閱讀資料，讓學員事先閱讀。 準備和提供所講授內容的印刷材料，如表格和圖表等。 使用視覺輔助工具，如投影片、白板、海報架等。 將枯燥的理論轉化成圖表或配上圖表進行展示。 運用示範或實物展示進行教學。
對於聽覺型的學習者	培訓師應該： 開會或者培訓開始前提供相關課程的視聽資料。 準備和提供所講授內容的錄音資料。 使用錄音帶或聽覺資料對學員進行聽覺刺激。 可以在課堂上運用一些音樂。 讓學員進行討論。
對於體驗型的學習者	培訓師應該： 在課程中設計演練、遊戲、案例或其他讓學員參與的方式。 學習一段時間之後讓學員進行活動。 允許學員在聽課時略微走動。

瞭解學員的學習風格為培訓師因材施教提供了一種參考。培訓師能夠更有效地根據學員的學習模式選擇合適的教學工具和教學方法。

四、綜合教法應用

對不同類型的學員分別作了分析，強調要因材施教，那麼，面對課堂上各種類型的學員，如何去辨析他們？如果學員不說話，又怎麼看出學員是屬於什麼類型？這裏，我們提倡課堂的第一段主要以老師講解為主，就是留給自己一個觀察學員的時間。你在講解的時候，同時也在做現場調查，透過運用不同的方法，從大多數學員的反應中感受他們是以什麼類型的為主。

例如，你的理論講得很精彩，但大家都看著你沒什麼反應，但當你講到一個小故事的時候，所有的人都打起精神來了。這樣，你就知道，他們是以感受型為主。在一大段，甚至一個小時的講解中，你就可以發現學員的主傾向了。正如眾口難調的道理一樣，培訓師只要抓住主要的傾向，解決團隊的主要問題，就算及格了。

在我們的內訓中，有時是企業的中層、基層管理者甚至是企業的高層領導都坐在那兒一起聽，那該以誰為主？那就以能影響團隊的決定性人物為主傾向。即使全體員工都說好，可是領導說不好，就意味著這次培訓失敗了。大家的反應一般，可總經理和董事長都說：「你講得太好了，下次還請你。」這說明培訓成功了。當然，極端的情況不多，一般都是比較綜合的情況。

所以，培訓師要注意到，內訓時候的主傾向更多的是由各層級的主要領導定的，其影響力決定了主傾向。如果領導認為你的課程不好，就會影響到全體學員的傾向。這個時候，就不要以數量，而是要以主導性學員的傾向作為主傾向。

根據統計，在一個團隊或者一個企業裏，決策者只佔 5%，堅決、積極跟隨者佔 15%，其餘 80%是從眾者。一個有經驗的培訓師會關注到那些有影響力的學員，特別是那 5%的決策者，他們是這個團隊的領頭者。抓住這 5%的領導者，然後，拉動或推動另外 15%的人，進而再掌握其餘 80%的人就行了。

五、學員的個人學習風格測評表

為了確定你的學習風格，以下作一個檢查。

學習風格檢查：

1. 要學會使用某一個電腦操作軟體，我：

A.必須聽培訓師詳細講授。

B.完全可以按照教科書自行閱讀學習。

C.必須在電腦上進行練習，但可以完全沒有教科書。

2. 在和人進行溝通時，我常常會：

A.說話很快但不多，沒有耐心進行長時間的聆聽。

B.喜歡聆聽他人說話，也喜歡自己進行長而具體的描述。

C.不自覺的使用表情或手勢，喜歡踱步。

3. 請回憶或想象一次在海邊愉快的度假，你會怎樣來描述：

A.金色的沙灘，碧藍的海水。

B.海浪拍打岩石的聲音讓人難忘。

C.微風吹在臉上，一切是那麼宜人且愉快。

4. 如果一個朋友在向你訴說她的一件奇遇，你想表達你的同感，你會說：

A.你所經歷的讓我記憶猶新，如在眼前。

B.我都能聽到你當時的心跳聲。

C.簡直不可思議！太奇妙了！

5. 要學會使用新買的音響系統，你會：

A.找出說明書，閱讀，按照說明書要求進行操作和實驗。

B.如果有選擇，寧可等待有另一個人告訴你如何使用。

C.不必看說明書，先按照直覺試試再說。

6. 請描述你自己的特長：

A.只要有地圖，我可以找到任何我想去的地方。

B.不必記筆記，即使事隔幾十年，那些精彩話語我都能一字不忘。

C.僅僅憑藉想象和直覺，我就能創造出一個新菜、操作一個機器或設備。

7. 在學習時，我會通過以下方式幫助我記憶：

A.詳細的記筆記，課後復習筆記。

B.盡可能地仔細聽，盡可能聽懂所有細節，最好一字不漏。

C.一邊聽，一邊聯繫相對應的日常事件，並在紙上寫寫畫畫。

8. 我常常會：

A.記住某個人的面孔，忘記他的名字。

B.記住某個人的名字，忘記他的面孔。

C.忘記某個人的名字和面孔，但能記住曾發生的，與他相關的事件。

9. 如果要讓我真正理解一個對我來說從未遇到的複雜問題，我：

A.必須看到相關的資料、圖表，越詳細越好。

B.必須經過別人語言上的解釋、分析和說明。

C.最好能舉出一個我曾經經歷的相關事件，或者帶我到現場去。

10.對於一個從未遇到過的難題，我會：

A.檢查已有的資料，再進行推理論證，然後進行試驗。

B.把問題說出來，傾聽他人的意見，尋找解決方法。

C.先試驗解決辦法，如果不行，再考慮其他。

題目	視覺型	聽覺型	體驗型
1	A	B	C
2	A	B	C
3	A	B	C
4	A	B	C
5	A	B	C
6	A	B	C
7	A	B	C
8	A	B	C
9	A	B	C
10	A	B	C

答案說明：

1.每題只能選擇一個答案，每個答案為1分，填入上表。

2.按列累計分數，得分最多的為你的個人學習偏好。

第 3 章

培訓師的培訓準備工作

一、分析培訓課程

先自問以下幾個主要問題：我的聽眾是誰？要講多長時間？培訓的目的是什麼？最後一個問題可能是最重要的，因為它促使你找出此次培訓的本意。借助這些資訊，培訓師所講的話便能針對聽眾的需要，有助你達到目的。具體說來，通過分析要達到以下目的：刪除不必要或不適當的資訊，縮短準備時間；確保使用聽眾能聽得懂的辭彙；有助預測聽眾提出的問題或反對意見；觀眾不同但演講主題相同時，可將內容迅速加以調適。

1. 精選主題

培訓師通常想要傳達太多資訊，希望能在受訓者心中留下點什麼。只是這如山的資訊令受訓者招架無力，不知所需。所以，要收到最好的效果，培訓師應該幫助他們理解你所表達的內容，只給他們易於分析和好記的資訊，找一個重點突出、直接明瞭的主題。

2.確定主線句

演講中的主線句可以時時提醒你如何取捨和展開你的授課內容。主線句包含如下兩個因素：

⑴目的

想要聽眾瞭解什麼、感受什麼或做什麼？對此的回答就是你的目的。

⑵主題

培訓是為了提供資訊或說服聽眾。你的意圖確定下來後，就能更好地尋找內容。

3.使用視圖工具

使要點清晰、輕重有序並增添變化，但不要只是簡單地讀一下螢幕或圖表上的文字。要增強你的感染力，使你的授課更加自然流暢，一定要讓視圖工具為你增姿增色。

二、把要說的寫下來

培訓師在瞭解成人學習的特點後，還要去分析即將參加培訓的學員的共性和差異，以便做到因材施教，培訓成功。

要使你傳遞的資訊具備邏輯性，當然離不開資訊加工這一環節。資訊的加工，就是對各種材料的處理過程，即設計、撰寫課程內容的文案工作。

通常，培訓主題選定、內容設計等一系列工作被統稱為培訓課程設計，這是培訓工作一個非常重要的環節。有時文案工作並不一定由培訓師本人來做。一些企業在聘請培訓師時，已經事先設計好了課程，培訓師只是負責講課而已，但是許多資深的培訓師都具備自行設計培訓課程的能力。

文案工作的主要步驟：

· 資料搜集　　　　　· 動筆寫作

· 製作電腦演示文稿　　· 最後修改

準備這些文案工作至少要花一個月的時間，準備的時間越充分，你的授課將越有吸引力。要時刻謹記培訓的主題，所有的文案工作都必須緊密地圍繞著培訓主題來展開。

搜集資料後，你的大腦會充斥著各種各樣的想法，有來自他人的，也有你自己的，讓你無從下手。這時你的大腦就好像一間混亂的房間，假如你想找一件物品，盲目瞎找的話，即使找到了，也會浪費大量的時間。但如果你首先把房間整理乾淨，找任何東西都變得輕而易舉了。

這裏介紹一種科學的思維方式——「發散性思維」，它能幫助培訓師迅速地理清思路，找出重點。

所謂「發散性思維」就是從同一來源的材料中探求不同答案，從不同的方面尋求答案的思維過程。它能讓人通過聯想，拓展思路，從不同的角度尋求解決問題的各種可能途經。

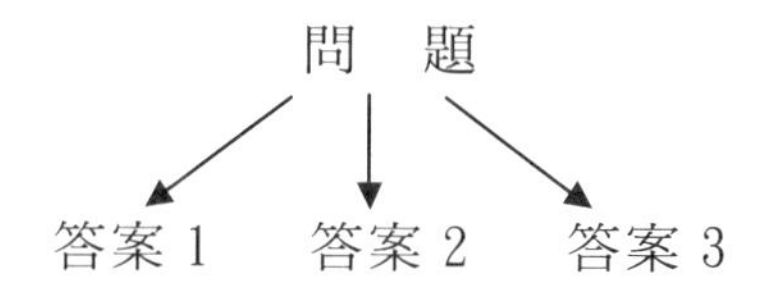

在構思課程內容時，適當地借用「發散性思維」方式，像蘇軾描繪廬山一樣，從各個不同的角度去思考，不但能令思路清晰，而且還能啟發你想到一些精闢、獨特的觀點。

在一張白紙上寫出你的培訓主題，運用「發散性思維」寫出所有能說明此主題的論點，然後再尋找這些論點下面的所有分論點。你可以利用 5W1H(誰 Who，那裏 Where，為什麼 Why，什麼 What，何時 When，怎樣 How)來尋找論點和分論點，當然你也可以從其他角度去思考。

整理好思緒後，相信你的腦中已有一個內容框架了，不要猶豫不決，馬上把提綱寫出來。

列提綱的好處：①為授課提供清晰的思路；②為資料取捨提供依據；③時間分配的依據；④選擇培訓方法、輔助工具的依據。

提綱的結構必須清晰明瞭。講課的內容最好有開頭、中間和結尾，按要點、論點、論據的順序排列。下面提供一個三段式的通用提綱模式，以供參考。

通用的提綱模式

一、引言

(1)開場白

(2)說明你的主題和目的

(3)概括培訓的內容

二、第一個要點

(1)論點　　A.論據　　B.論據

(2)論點　　＿＿＿＿　＿＿＿＿

三、第二個要點

(1)論點　　A.論據　　B.論據

(2)論點　　＿＿＿＿　＿＿＿＿

四、第三個要點

(1)論點　　A.論據　　B.論據

(2)論點　　＿＿＿＿　＿＿＿＿

五、總結

(1)重覆你的要點

(2)結束語

⑴如果要點之間的邏輯關係不緊密的話，提綱可以採用並列式的結構。

⑵如果某一個要點比其他的要點都重要，就應該把它放在首位，在講課時用較多的時間去闡述這個觀點。

⑶提綱的結構不要太複雜，不然連你自己也會看不清楚。

三、制定時間表

時間表是整個課程的時間規劃，規定各個部份如開頭、各個要點、結尾需要的時間。

做課程設計時，就要把時間規劃好。請注意，一般人都不喜歡拖堂，如果你在規定時間之前半小時就把課講完，學員會認為你沒有水準。對於初登講台的人來說，要恰到好處地把握時間會有一定的困難。時間把握的技巧除了經驗積累外，事前做好時間的規劃也是一個關鍵。

表 3-1　一天的培訓課程計劃樣式

時間	課程內容	目的	備註
9：10～9：20	破冰船遊戲	互相熟悉 氣氛營造	遊戲法
9：20～9：40	內容要點(一)	PowerPoint 幻燈片 1～5 頁	電腦 投影儀
9：40～10：20	案例	內容要點	安全分析法
10：20～10：40	休息時間	安排作業、分組	
10：40～11：20	內容要點(二)	PowerPoint 幻燈片 6～10 頁	電腦 投影儀、VCD 機
11：20～12：30	回饋及討論	討論、發表心得 培訓師補充評講	研討法

表 3-1 是一個一天的培訓課程計劃樣式，以供參考。

越缺乏講課經驗，時間表越要訂得詳細。

四、製作電腦演示檔案

現在，很多培訓師會把培訓內容製成多媒體演示檔案，放在課中演示。所謂多媒體演示檔案，就是一些集聲音、圖像、文字等一體的電腦演示文稿。演示檔案最大的好處是激發學員的學習興趣，對培訓師而言起到了提綱的作用，令培訓師的講課更加流暢。

在製作演示檔案前，首先構思好檔案的大體結構，然後才打開演示稿製作軟體 PowerPoint 開始工作。PowerPoint 提供了一些文件範本，其中有一個特別實用的「培訓範本」，如果對 PowerPoint 的操作不太熟悉，可以借助它已有的範本來製作文稿。

五、瞭解培訓場所的狀況

培訓的場地會在一定程度上影響培訓的效果。一般來說，培訓的組織者會事先安排好培訓的場所，並給予各種後勤和安全的保障。但作為培訓師，事前對場所的情況做一個大致的瞭解也很有必要。

培訓師要察看現場的所有細節，發現遺漏或是不足之處，可向培訓組織者反映。

培訓的場所分為室內、室外兩種。室內的培訓場所多在學員所在公司的辦公室或是酒店的會議室。

室外培訓場所，多用於團隊和個人發展活動和遊戲，如：拉繩、野營，「蜘蛛網」……地點有野地、山地、公園等。場所會因培訓項目不同而異。

1. 場地

培訓場地的大小取決於學員人數和每個人的平均佔用面積。一般來說，一名學員需要佔用的空間(通常是 2.5 平方米)乘以學員的人數加上培訓師和設施所需要的面積就是場地的總面積了。當然，足夠大的空間可以使人視野開闊、心情舒暢，所以可在必需的基礎上適當增加些面積，只要不讓學員在偌大的空間裏感覺到空曠就行了。

2. 音響

培訓師在培訓過程中一個重要的工具就是麥克風，現在常用的是夾在衣領上的微型麥克風。要保證麥克風和音響設備連接良好，麥克風中的電池夠用，音響效果適中。如果音響效果夠好，就可以部份地吸收環境中的噪音以及掩蓋住學員的竊竊私語聲。

3. 噪音的干擾

安靜的環境是學習的良好保障。外界的噪音會對培訓產生較大的干擾，所以要盡可能挑選遠離辦公區域的地方作為培訓場所，且四壁的隔音效果要好。此外還要避免人員、電話的干擾。在培訓課上應該讓學員將手機等通訊設備關掉或設為靜音。

4. 螢幕

螢幕大小要與投影設施相配合，使圖像能夠完全地映射上去。一般而言，螢幕會安放在房間的中心，這樣所有人都可以看見；同時，要足夠高，即使坐在後面的學員也可以看得清楚。螢幕的材質有不光滑的、透鏡的以及珠狀的。最好選用不光滑的螢幕，因為這種螢幕上的圖像，不管學員坐在什麼位置上看過去，效果都是一樣的。

5. 溫度

理想的學習環境的溫度是 20℃～25℃。太低的溫度會使學員感到寒冷不適；太高的溫度容易使人犯困，特別是下午的時候。培訓師要確保場所內有溫度調節設備，並且在課程中經常關注培訓場所的溫度情況，如果學員有要求的話就做適當調節。

6.交通道路情況

為保證能按時到達培訓場所，培訓師要瞭解從你的住處出發到培訓場需要多長時間，交通情況如何？可選擇什麼交通工具到會場？道路是否經常堵車？

(1)你至少要提前半小時到達會場。

(2)如果到達培訓場所的時間較長，就必須預留多一點準備的時間。最好事先設計多種到達會場的方案，以防突發事件的發生。

(3)千萬不能遲到，否則你的信服力會大打折扣。

7.天氣情況

如果在室外培訓，天氣是最大的影響因素。最佳的天氣是晴朗而有微風。你要密切留意培訓前一週的天氣情況，如果發現天氣情況不利於培訓，應立即與培訓組織部門協商是否改期。

8.座位的安排

培訓場所的座位安排一般有倒 V 形、U 形結構，這樣有利於學員間互相交流。大型的培訓活動，也會採用並列式的排列。

在室內培訓的話，房間裏要預留足夠的空間，讓你和學員都能感受舒適和方便。你要做到讓每一個位置的學員都能清晰地聽到你授課。

你可以根據自己授課的內容、人數的多少來確定座位的安排是否合理。最好能走到每一個座位旁，從不同角度去評估位置是否合適。如果你的課程有較多的遊戲、討論等活動，保證空間的寬敞很重要。

9.培訓師的位置

一般來說，講課時培訓師一般會站在課室的正前方。你到現場察看時，要檢查是否有障礙物阻擋了正前方的視線，並確保所有坐在培訓室內的人都能清楚地看到你，清晰地聽到你的聲音。

10.場內設施

要知曉現場電源插口的位置和數量。檢查你授課所需的設備的電源線是否足夠長，設備插頭是否都能用上這些插口。為了防止授課時踢斷了電源或是絆倒人，最好將電纜線貼在地面上。

在室內培訓要保證燈光充足，以使學員能清楚地看到演示板和你在上面做的筆記。但是用太強烈的燈光，會分散學員的注意力。在培訓中若需要關燈或調暗燈光來播放錄影，你就要確實知道開關的具體位置，以及那個開關控制那盞燈。

燈光光線有可能會在某個角度干擾人的視線。從多角度觀察燈光的效果能及時地發現這個問題。

場內其他設施還包括了音響、通風設備等，有關的詳情，你可以向培訓組織者瞭解核實。可能的話，你要親自核查所有的設備情況。你越熟悉場內的狀況，越能增強你的信心。

11.輔助工具

由於輔助工具的使用是穿插於整個培訓過程中的，所以擺放輔助工具的原則是「隨手可得」，盡可能地把這些工具放在附近。

書寫板、夾紙板最好是可活動的。放在培訓室前方偏左或是偏右的位置較為合適，這樣的好處是：你稍稍側身就可以使用它們，而不是要背對著學員才能在書寫板上寫字。

在現場察看時，你要確切地知道所要使用到的各種工具擺放的位置。紙質的輔助工具，如圖表、海報、照片等，可以把它們編號，以方便查找。較大的紙質工具，如大海報，可事先按著順序夾在板上。

擺放投影儀、電腦的桌子，要預留足夠的空間擺放其他的紙質工具，不要把桌子堆得滿滿的，以免造成混亂。

若有上網的必要，請配備數據機或網線。

為了避免在講課當天出現「找不到」的情況，你可列一張清單，記下各種工具擺放的位置。

12. 相關的服務項目

為了保證培訓的順利完成，培訓組織者通常都會安排相應的後勤保障，培訓師雖然不一定參與這些工作，但是你也要明確這些後勤工作的詳細內容。

13. 設備材料的提供

投影儀、電腦等是否由培訓組織者提供？有的培訓師習慣於使用自己的電腦，如果你想自己攜帶電腦，請提前告知培訓組織者。如果培訓組織者因條件所限，無法提供某些工具，你可以協助他們尋找或是親自製作。

14. 設備材料的運輸

那些設備材料由培訓組織者負責運送到培訓現場，那些由你來親自運送。明確了分工，才能保證不會遺漏所需的設備和材料。

15. 是否有茶水供應及供應的具體時間

如果培訓場所是在學員的公司內，茶水供應的時間較為靈活，可以根據你的課程安排來調整。但是如果培訓場所是租用的話，例如酒店的會議室，茶水供應會有一定的時間規定，這就需要你根據茶水供應的時間來安排休息時間。

16. 是否配備了電話、網線

通信設備是必不可少的，可以方便你和學員使用電話對外聯絡。

發生意外或突發情況時，電話就顯得極為重要。

如果你上課時需要上網，電話線或是網線是必備的。

17.衛生間、火警的緊急出口處位置

雖然意外事件發生的概率很低，但並不是說絕對不可能，事先知道了緊急出口，到真正有危險時，就能臨危不亂了。

可在正式講課之前，或是休息前把茶水供應時間、電話、衛生間、緊急出口這些事項一一告知學員。

18.講課前是否還有其他安排

你需瞭解，在講課前，或是培訓結束後，是否會有另外的安排，如公司領導來發言；是否會有其他人把你介紹給大家(當然，如果你與學員都是同事，就不必有這項安排)。如果有這樣的安排，請事前向介紹人提供一份你的簡歷。

六、練習，練習，再練習

練習，就是培訓前的試講。「實戰演習」，這是培訓準備工作的最後一道「工序」，它有非常重要的作用，是對培訓準備工作的總檢驗，可以實現你之前的所有設想，從中發現缺點和不足，便於及時改正和補充，而且練習還有助於消除緊張情緒。

練習不一定使你的表現完美無缺，但它卻增加了你成功的機會。練習時請記住兩條重要原則：

⑴設想你自己真正地站在學員面前。

⑵重覆、重覆、再重覆。

1. 初步階段

初步練習的重點是掌握內容，幫助你自己找到進入角色的感覺。

開始你可以只是簡單地大聲朗讀你的文字材料，把書面的文字口語化。

你還可以借助鏡子來幫忙。鏡子的作用是幫助你觀察自己：表情是否自然，舉止是否得體，是否有一些不良的習慣動作。可以把鏡子中的你，當成是你的學員，學習如何與「學員」進行目光的交流。

2. 提升階段

在這個階段，要開始熟記課程的內容，掌握好說話的語調、語速。

背誦你的文字材料，然後加入沒有寫下來的一些細節或話語，逐步揣摩出整個授課的內容模式。按這個模式多次地練習，直到能完全脫離講稿。要注意丟棄一些不良的個人口頭用語，例如「這個」、「那個」等。

你可以在鏡子面前練習，也可以請一兩個熟悉的人當你的聽眾。在身邊放一個鬧鐘，有助於時間的控制。

3. 實踐階段

經過多次反覆的練習後，當你已經有信心站到講台上講話時，可以找一些朋友、家人或是同事來當聽眾，人數越多越好。你的聽眾最好是與你實際要面對的學員是同類型的人，這樣你能獲得更真實的、與現場授課相似的回饋意見。

儘量仿照舉行培訓的條件來練習。在練習過程中，注意觀察他們對你授課的反應。練習後，要主動地請聽眾提出意見。

不要害怕別人的意見，他人的意見會推動你迅速地進步。

如果有可能，要到現場彩排一次。當你站在現場，一定會有許多讓你驚訝的發現。如果不能到現場，你可以採取提前到現場檢查的折中辦法。

可以把你的練習過程錄下來聽一聽，這樣可能有更多收穫。

七、培訓前期準備工作要點

培訓師在進行培訓之前，除了界定培訓需求、測試學習風格並設計培訓教案之外，還有一個很重要的工作就是根據前期工作的成果，與培訓經理一起協商如何做好培訓前期的準備工作。具體需要開展的工作見下表。

表 3-2　培訓前期準備工作一覽表

序號	準備工作	主要擔當方
1	培訓需求界定	培訓師
2	溝通、管理風格測試培訓師	培訓師
3	設計培訓教案培訓師	培訓師
4	為學員準備教材	培訓師、培訓經理
5	準備開班計劃書	培訓師、培訓經理
6	提出培訓場地佈置要求	培訓師
7	提出相關培訓道具、器材要求	培訓師
8	佈置培訓場地	培訓經理
9	準備相關道具、器材	培訓經理
10	準備培訓證書	培訓經理
11	其他準備工作	培訓經理

八、開班計劃書

通常，開班計劃書包括為受訓者提供的開班計劃書(參見表3-3)、為培訓經理準備的開班計劃書(參見表3-4)與培訓師自己使用的開班計劃書(參見表3-5)。培訓師自己使用的開班計劃書從某種意義上可以認為是培訓教案的簡裝版。

表3-3　為受訓者提供的開班計劃書

	第一天	第二天
8：00 至 12：00	介紹和開幕式	第二次練習傳授
	培訓的基礎	傳授培訓
	策劃培訓	第三次練習傳授
午　飯		
13：00 至 16：30	設計培訓	第四次練習傳授
	準備傳授第一次練習	傳授培訓(繼續)
	第一次練習傳授	第五次練習傳授
	準備晚上家庭作業	總結

表 3-4　為培訓經理提供的開班計劃書

	第一天	第二天
8：00 至 12：00	介紹和開幕式(開幕式的內容，培訓班介紹，人員介紹，目標、日程表、期望值，評估表，學習協商，工作手冊、開班前調查問卷，家庭作業)	第二次傳授實習(3 個 10 分鐘。傳授和回饋)
	培訓的基礎(培訓班氣氛，成人學習，班前作業，工作和變革的本質)	傳授培訓(培訓角色，時間、激發，陳述，提問、傳遞資訊，管理參與，應對抵抗，妥協，可視教學手段，教授一份工作，強化，回饋，促動)
	策劃培訓(培訓需求評估，營銷，進程循環，策劃清單，評估，確定目標，組織培訓班，編寫一份日程表，教室佈置)	第三次傳授實習(3 個 10 分鐘。傳授和回饋)
午　飯		
13：00 至 16：30	設計培訓(實驗性學習循環，學習環境，相應的學習方法類型，培訓班設計方案)	第四次傳授實習(3 個 10 分鐘。傳授和回饋)
	準備第一次傳授實習	傳授培訓(繼續)
	第一次傳授練習(12 個 5 分鐘，傳授和回饋)	第五次傳授實習(3 個 10 分鐘。傳授和回饋)
	準備晚間作業	總結

表 3-5　培訓師使用的開班計劃書

8：00	目標/氣氛　　內容/資料
8：40	介紹/期望
9：10	作為受訓者的最好/最差經歷
10：00	休息
10：10	練習：步驟 1：標準演示
11：30	教練技術的基本原理
12：00	午飯
13：00	步驟 2：界定「什麼是可能的」進行學習試驗
14：10	步驟 3 和 4：採取行動，保持方向
15：00	休息
15：15	比較自我教導、動員和外部教導
15：45	步驟 5：完成教練協商
16：00	教練常用方法和手段
16：30	總結
17：00	結束

需要強調的是，在培訓正式開始之前，針對不同人員發放開班計劃書是必要的。對受訓者而言，通過開班計劃書可以大致瞭解課程的進展情況，並為此做準備。對培訓組織者而言，通過開班計劃書可以瞭解到在特定時間做什麼事情的額外資訊。在製作給受訓者的開班計劃書時，培訓師需要把握的唯一原則就是簡單、有條理。

九、教具準備

培訓教具能錦上添花，並具備集中學員注意力的作用。但千萬不要讓它們分散對培訓師的注意力。

培訓常用的教具有：卡片、固定頁、投影儀、白板、幻燈片、電視和錄影機、電腦、對象和物品。

當上述主要工作完成後，培訓組織者就可以考慮實施培訓了。不過，在正式實施之前，培訓組織者不妨對準備階段的工作進行回顧以發現是否有遺漏。下面提供了一份給培訓組織者的準備工作檢查清單，以供參考。

表 3-6　培訓前期準備工作檢查表

說明：本檢查表供培訓組織者進行培訓前期的相關工作檢查，可能某些設備並不一定在本次培訓中用到。

1. 培訓器材準備

名稱	使用與否		準備人	準備完成日期	設備調試人	檢查人
	是	否				
投影儀						
麥克風						
投影幕布						
揚聲器						
白板						
Mark 筆(雙色)						
水彩筆						
攝像機						
錄影機						
DVD						

續表

電視機						
錄音筆或採訪機						
延伸插座						
光　源						
條　幅						
姓名牌						
遊戲道具						
膠水/貼紙						
磁　條						
白　紙						
參考資料						
培訓手冊						
培訓證書						
小禮品						

2. 培訓場地佈置

準備工作	參照標準	實施細節	負責人	完成日期	檢查人	檢查日
座椅擺放						
燈光調節						
溫度調節						

3. 其他需要準備的工作

十、學員座位安排

教室的座位安排會影響到教學的模式以及相互的溝通，是為培訓做準備的必要步驟。在進行座位安排時，要注意以下問題：

- 座位之間的行列要利於學員之間的溝通；
- 每一個學員的位置都要在培訓師的視線範圍內；
- 儘量安排學員坐在靠近培訓師的位置；
- 一旦安排好座位，整個培訓過程中儘量不要變動。

在座位的安排上，下列幾種方式較為常見：

課程開始時，教室的佈置形式就已經決定了課程的氣氛，除非授課的是非常有名氣的培訓師，否則，中等層次培訓師的授課氣氛一定會受教室佈置的影響。

如果培訓師在教室裏不能隨意走動，那他與學員的交流會受到很大限制，從而影響到課程的氣氛和教學的品質。

培訓師離學員多近，學員的心就離培訓師多近：培訓師離學員多遠，學員的心就離培訓師多遠。所以培訓師在課堂上的頻繁走動就成為與學員拉近關係的好方法。

培訓課堂座位的安排要根據學員與學員、培訓師與學員之間預期的交流類型來確定，恰當的座位安排可以保證每位學員的學習效果。

圖 3-1　扇形座位示意圖

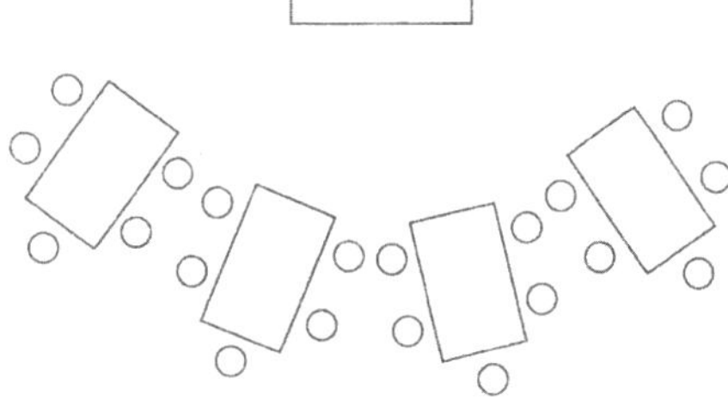

(1)扇形教室

扇形座位擺放形式可以方便地讓受訓者在房間內從任意一個角度觀看，可快速地從傾聽角色轉向討論角色，很容易地與房間裏的每個人交流。扇形座位容易使受訓者積極參與小組和團隊的討論，共同分析問題，交流信息。

⑵雙套 U 型教室

適合 20～60 人或 100 人左右的研討會，培訓師可以走動空間大，能隨時觀察到現場學員情況，最能集中學員注意力。

中間是主要走動區，大 U 與小 U 之間的距離足夠寬，也是主要走動區。豎擺的條桌能無限延長。這樣的教室，學員交流機會多，學員互動環境好。

圖 3-2　雙套 U 型教室

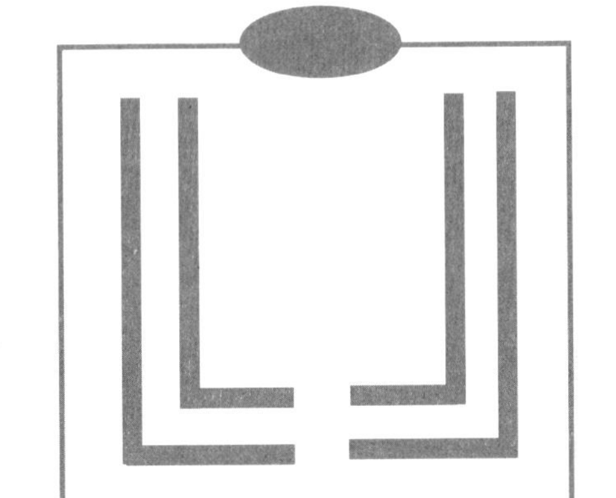

⑶島嶼式、研討式教室

這樣的教室坐的人很少，大家坐姿比較隨意，這是學員注意力最不容易集中的教室。中間只有很小的地方可供走動。這種教室一般為多給學員提供相互交流的機會而設。

圖 3-3　排組式教室

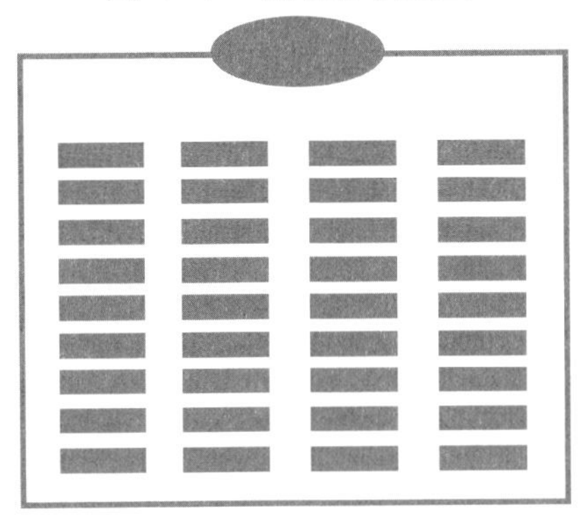

⑷排組式教室

教室座位多，環境整潔，培訓師在過道中走動空間大，學員點點注意力不集中都能被發現。學員交流機會少，沒有互動環境。

⑸圓桌式教室

教室沒有互動環境，可用於小型會議和講課，學員無法討論；沒有培訓師走動空間，因此，學員注意力不好集中。

圖 3-4　圓桌式教室

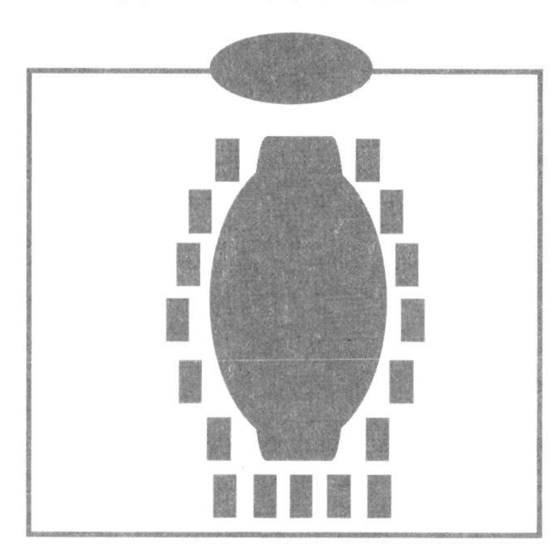

十一、培訓會場的效果檢查

在演示之前，要對自己隨身攜帶的和演示場所本身具備的裝備、設施進行最後的一次檢查和預備工作。開始前的準備也就是最後的裝備檢查。進行演示之前需要確認各項裝備都能正常運作，不至於中途「鬧罷工」。

也許我們自己可以不直接去參與會場的佈置，只需交給組織者一份詳細的會場佈置圖，並且標明所需的設施，然後讓他們去張羅就好了。但是在演示之前，會場佈置的效果還是需要親自去檢查和熟悉的。

1. 演示內容的檢查

優秀的培訓師通常都是經過反反覆覆的練習，才能在講台上將演示做得爐火純青。因此，通常來說，早一點到達和出席會場是比較有利的，除了早前的準備之外，在進行演示當天的路途中也不妨先對可能會發生的各種狀況進行一下「估算」，並考慮相應的對策。有條件的話，甚至可以練習一下如何應對這些狀況，這樣不僅可以從容地打開演示工具和材料，或者巡視一下現場設施進行檢查和準備工作，萬一碰到問題也還有些時間來得及處理。

總之，在演示之前，培訓師需要重新檢查：自己是否已經對所要演示的內容、觀點和材料熟記在心？是否對演示過程中情感的表達方式、態勢等都能信手拈來？對可能出現的特殊情況做好了心理預警？如果發現了自己在某一個地方有紕漏，那就趕快進行「補救」吧！

2.視線角度的檢查

在演示場合中，最好能夠在開始演示前先檢查座位、講台、螢幕及寫字板的位置擺放、安排的合理程度，從而確認聽衆的視線是否能夠正常而輕鬆地與螢幕、寫字板和培訓師保持高度的接觸。因為一個一流的演示應該具有這樣的視線標準：即使是培訓師站在螢幕前，講台下的聽衆也不會因此而看不清楚螢幕或寫字板上面演示的內容。

3.燈光效果的檢查

演示廳也許有點像電影院，因為投影佔據著很大一部份內容，所以，比較暗一點的室內燈光效果會比較好。在演示開始前，如果發現因為燈光太亮因而導致簡報投射、放映的效果不太理想的話，那麼可以嘗試將室內的燈光調暗一點，這樣能更容易地使聽衆的目光聚集到所放映的簡報上來。記住：燈光原理和實踐證明，如果想要一個需要最大限度地吸引衆人的目光，那麼最好的辦法就是將室內其他地方變得黑暗，而使這個物體成為惟一「光明的地方」。這也是為什麼將室內的燈光關掉，能讓投影機投射效果更佳的原因。

4.多媒體工具的檢查

在演示中，多媒體效果的確非常有用，但是一定要使用得當，「牛頭不對馬嘴」的多媒體效果只會令人感到莫名其妙。也許培訓師在製作簡報的時候為了做得最好，在上面穿插了大量的圖像、動畫、音效等多媒體效果的工具。此時，我們必須再一次進行檢查，對於容易引起歧義，或者與講解內容無關，以及缺乏品味，不能夠增加課堂情趣、幫助聽衆、觀衆理解的多媒體效果工具，要適時地處理掉。

5.手提電腦的檢查

手提電腦承載著演示當中最核心的東西，因此在演示開始前，不僅要檢查電腦連接線、插座等硬體搭配，也要檢查電腦裏面的重要內容是否能夠正常打開：例如演示當中需要播放的額外的一些視頻文件等。同時要注意的是，在演示之前將電腦的省電功能關閉是一個明智之舉，因為如果電腦在一定的時間內沒有接受到任何指令，處於靜止狀態，那麼這個功能就會使電腦自然而然地進入睡眠模式。這對於演示場合來說是非常不合適的，培訓師通常有可能不時地在一個問題點上講話的時間有所延長，這樣電腦經常性地進入睡眠模式，在觀衆看來整個演示就顯得很不流暢、很不專業，並且讓系統從睡眠模式回覆到正常模式要花上一段等待時間，這也會引起觀眾的厭煩。

6. VIP學員位置的檢查

一場幾十位聽衆的演示，可能決定演示成敗的就只有那麼幾個人，所以，在演示之前事先瞭解一下聽衆的組成和座次是有必要的。通過瞭解這個，可以知道台下某幾位聽衆的感覺攸關著整個演示的成敗，所以，要注意在演示過程當中，適時看著他們或聽取他們的意見。不過在另一方面，我們也斷然不能夠忽略了一般聽衆的感受，應該努力使兩者取得平衡。

7.可能干擾的檢查

務必關上你的手機、呼機和任何無線裝備，這樣你才不會被自己的裝備打斷演示思路。

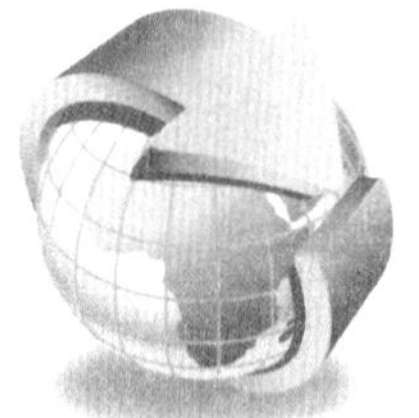

開發培訓課程

一、培訓課程開發的基本原理

1. 確定教學目標

第一步是要確定在教學完成時學員能做些什麼。教學目標是來自於特定課程的需求分析、對學員學習困難方面的實際經驗、對工作上崗人員的崗位分析以及某些人對新教學所提出的需要。

2. 進行教學分析

在確定教學目標之後，便必須確定學員學習什麼樣的人物。通過查明必須學習的從屬技能及必須掌握的程序性步驟對目標進行細緻分析。分析過程的結果是用圖示的方式詳細列出這些從屬技能以及它們之間的聯繫。

3. 確定起點行為

除了查明包括在教學中的從屬技能和程序性步驟之外，還必須確定學員在教學開始前應該掌握的特定技能。這不是指列出學員全部能夠做的事情，而是確定在教學開始前學員必須具備的特定技能。

4. 編寫教學具體目標

在教學分析和查明起點行為的基礎上，培訓師應該具體地說明當教學完成時學員將能做些什麼。編寫教學具體目標時應規定要學習的技能、技能操作的條件以及行為表現合乎規範的標準。

圖 4-1　編寫教學具體目標

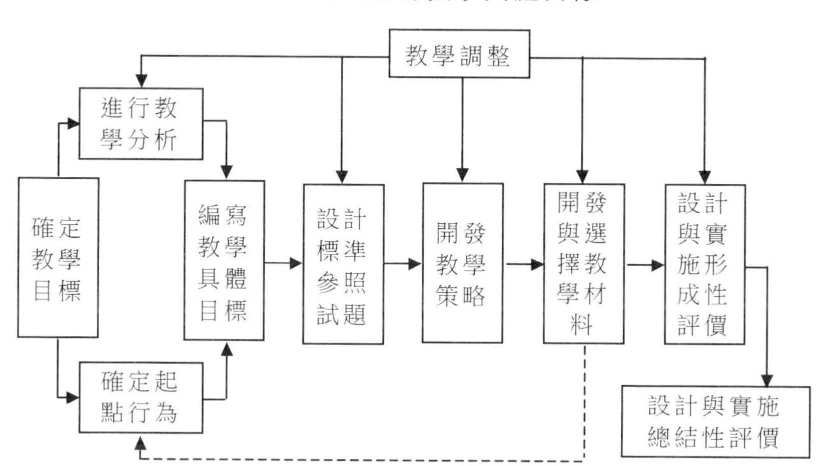

5. 設計標準參照試題

根據已經編寫的具體教學目標，培訓師應設計相應的試題衡量學員達標的能力。重點應放在目標規定的行為類型與試題要求之間如何保持一致。

6. 開發教學策略

根據上面五個步驟，培訓師現在可以確定自己將在教學中運用的策略以及達成終點目標的媒體。教學策略包括了教學準備活動、資訊呈現、練習與回饋、測驗及後繼活動等部份。設計教學策略應借鑑當前對學習進行研究的成果、對學習過程本質的認識、教材的內容以及學員的特點。

7.開發與選擇教學材料

這一步是根據教學策略來開發教學材料，主要包括學員學習手冊、教學材料、測驗試卷及培訓師教學指南。是否要重新編寫教學材料等決定是根據學習的類型、現有相關材料的合用程度、開發資源的可利用程度等作出的。

8.設計與實施形成性評價

一次試教結束後，便要進行一系列評價和收集數據資料，從而確定如何做出改進。形成性評價有三種形式：一對一評價、小群體評價和現場評價。每一種評價所提供的不同資訊都可用於改進教學。

9.進行教學調整

最後一個步驟(也是新一輪循環的第一步)是對教學作出調整修正。通過對形成性評價的數據資料進行分析總結，找出學員在學習達標中存在的困難，以及這些困難同教學中現有的差距之間的關係。

10.設計與實施總結性評價

總結性評價是對教學的絕對價值和相對價值進行評價，通常在教學經歷了評價和調整之後才進行。

二、培訓課程資料的收集

1.培訓師需要收集的情報

⑴瞭解學員對培訓師的期待

明智的培訓師需要瞭解必須在規定的時間內做什麼、組織好什麼，以及擁有多少機會實施其創新計劃。培訓師可以向他人諮詢，而最好的做法是準備一份檢查清單。一般人總是認為自己懂得比別人少，實際上可能並非如此。收集資料前，務必明確最終期限和許可要求，瞭解預算，索要所需文件，並明確是否需要向其他人諮詢。

⑵瞭解教學課程內容

- 無論課程的內容是實操能力、基礎知識，還是兩者兼顧，培訓師必須瞭解教學目的、目標和教學效果。
- 無論課程分模組、分單元還是分階段進行，培訓師都必須瞭解課程編排方式，並瞭解學員是否有相關工作經歷。
- 培訓師必須瞭解考評方式是採用形成性還是終結性考評，並瞭解考評的依據。考評依據是證據資料收集、作業任務的完成情況，還是通過考試進行。
- 培訓師必須瞭解教學材料的難易程度、數量以及各部份的權重，並瞭解學員對學習進度的要求。
- 培訓師必須瞭解其他培訓師和學員希望的教學方式。
- 培訓師必須瞭解相關制約因素，包括課程/課時的長短、頻率和模式以及可利用資源。

制訂教學計劃不是一個孤立的行為，需要各位授課培訓師和輔導培訓師一起商談，規劃教學大綱和各種方案，再和學員一起共同討論教學計劃。重要的是在和學員商討之前，必須明確那些方案是可行的。

⑶瞭解學員情況

要明確課時計劃或者整個項目計劃的依據，培訓師需要瞭解學員的下列情況：

- 學員人數。
- 學員的年齡、性別以及文化背景。
- 學員現有的水準。
- 學員已經學過的內容。

· 學員的其他相關經歷。

· 學員的學習動機。

· 學員有那些學習或援助要求。

⑷瞭解教學資源

安排教學計劃時，培訓師必須考慮場地和設施以及教學輔助手段和學習資源等。

教學的硬體環境。無論是長期課程還是短期課程，教學能否取得成功與場地佈置有非常大的關係。許多學員長期在沒有自然光線的教室裏學習，因此無法指望他們取得良好的學習效果。也許培訓師在安排教學計劃時，會受到場地的限制，不可能有很多選擇。不過，可以把場地事先拍下來，以便在協商場地時講清楚具體要求。

2.課程資料的收集途徑

⑴客戶、參訓者和有關主題專家

在需求調查之後，培訓師還可以從客戶和可能的參訓者那裏得到更多的資訊。有關主題專家也是不斷的資訊源泉，可以從他們那裏得到關於課程介紹的資料。例如在答疑課上，可以請他們來回答細節的和技術性的問題。在向客戶、可能的參訓者、有關主題專家諮詢的過程中，培訓師不僅從他們那裏得到了更多的資訊，而且使他們對培訓更感興趣，更積極地參與到培訓中來，也就為培訓的成功打下了基礎。事實上，在課程開發過程中，讓用戶參與進來，是使培訓得到支援的最好的方法。

⑵各種培訓課程

在全面開發課程之前，培訓師應該瞭解是否已有開發出的課程可以用於培訓。培訓師要檢索類似和有關的培訓課程並問自己：「那些可以拿來用？」「這些資料能幫助我實現培訓目標嗎？」可以通過查閱有關培訓的出版物和雜誌來瞭解這些內容。

⑶有關的閱讀材料

培訓師的工作可以提供基本的培訓材料，如培訓的主要內容、各項活動的資料、公司介紹、簡單的讀物等，這些可以發給學員，作為培訓前、培訓中或培訓後的閱讀材料。

⑷視聽材料

培訓師不僅要收集資訊，而且要收集與課程內容有關的不同方式的資料。現在已經認識到使用視聽設備，如電影、錄影、幻燈等有助於增加培訓課程的趣味性，增強培訓效果。培訓師如果使用一些視聽材料，學員會認為他們要比沒有使用視聽材料的準備得更充分、更專業、更清晰、更準確、更有趣。現在的學員喜歡使用視聽設備的課程，如果沒有的話，他們就會認為培訓太枯燥、太業餘。市場上有很多視聽材料，但如果沒有適合的，培訓師就要自己開發一些經濟有效的視聽材料。

三、培訓課程內容的選編原則和方法

1. 培訓課程內容的選編原則

培訓課程設計是以成年人學習理論為基礎，應用系統的觀點與方法，分析培訓教學中的問題和需求，確立目標，明確解決問題的措施與步驟，選用相應的教學方法和教學媒體，然後分析、評價其結果，以使培訓教學效果達到最優化的過程。

⑴符合現代社會和學習者的需求

根據課程設計的本質特徵，培訓課程設計首先要滿足現代社會和現代人的需求，這是培訓課程設計的基本依據。培訓課程設計不同於學科課程設計，是以學習者的需要、興趣、能力以及過去的經驗作為課程要素決策為基礎的。

⑵符合成人認知的規律

符合成人認知規律是培訓課程設計的主要原則。由於成人學習方式與兒童相比較差異很大，這樣的培訓課程教學內容的編排、教學模式與方法的選擇、課程的配備、教材的準備等方面都要和學校課程設計有所不同。例如成人學習目的性非常明確，他們參加培訓的原因就是為了提高自己某一方面的技能或補充新知識，以滿足工作的需要。因此，培訓課程就要有個明確目標，而且培訓課程教學方法的選擇要有利於培訓學員的合作學習方式。

⑶系統綜合原則

培訓教學是一個涉及多個方面的大系統，因此，在進行課程設計時，必須考慮系統中各要素及其相互間的關係，要綜合培訓問題對立統一的各個方面，對培訓教學的各個方面、各個環節既不能以偏概全，也不能無所側重。

作為一個培訓者，最好能建立供內部成員使用的資料。例如，可以保留一個有關所有教學和訓練的記錄，以便瞭解其他同事準備好的各種教材。這些材料很可能會向培訓師提供更多「外界」的資料來源，例如專家錄影資料庫等。

2. 培訓課程內容的選編方法

⑴改編教材

偶爾可以找到方便使用而必須修改的現成教材，但即使教材或教學法適合培訓的需要，結果也會因參訓者的不同需要而不得不進行某些修改。

⑵自編教材

如果培訓師平時要進行大量教學及培訓工作，或者希望自編高質量的教材，就要到本地視聽資料中心去查一查，或者請教某些專業圖像設計的人，他們能幫助培訓師把想法轉變成具體的圖示、幻燈片、錄影等。還有一個折中辦法是鼓勵小組成員學習這項技能，這樣就能更快取得教材。

⑶購買現成的教材

現在市面上的各類學習資料很多，內容非常豐富，可以選用。

四、培訓課程開發的具體步驟

1. 確定課程名稱

「課程名稱」一般指課程的概括性標題。確定課程名稱時，一般應遵循以下原則：

⑴能反映出課程目的與核心主題。

⑵具體。

⑶有吸引力，可富有創意或藝術性。

⑷必要時可加副標題，副標題直述培訓主題，例如「中層管理人員的修煉——管理技能提升」。

2. 制定工作績效目標

課程開發中一個最重要的環節是制定工作績效目標。工作績效在工作中佔據比較重要的地位，它一般表明了該項工作應該達到的某種效果程度，這種效果往往是高於實際情況的，即實際工作與它之間存在著一定的差距，正是這種差距對現實工作中的人員素質提出了必須培訓的要求。

「制定工作績效目標」的目的是把績效目標與部門(組織)目標連接起來。「制定工作績效目標」的主要任務有以下幾個方面：

⑴分析績效目標的內涵。這一內涵包括以下要點：生產力績效、品質績效、時效目標、行為績效、安全績效和成本績效。

⑵將績效目標轉化為可衡量的數字。

⑶績效目標也包括問題的解決措施。

3.確定培訓目標

培訓目標是指培訓課程對學員在知識與技能、過程與方法、情感態度與價值觀等方面的培養上期望達到的程度。它既是選擇課程內容的必要前提，也是課程實施與評價的基本出發點，一般由彼此相互關聯的三個領域組成，即知識方面、能力方面、情感方面。

在課程開發過程中，培訓目標和培訓方法的選擇是關鍵，明確的課程目標有助於制訂翔實的培訓計劃，幫助學員確認培訓後應改變的行為，幫助培訓師和學員對培訓過程做出客觀評價，培訓目標是學習、教課和評估的指南。

課程設計中，目標確定是十分重要的，不僅有助於明確課程與教育目的的銜接關係，從而明確課程設計工作的方向，而且有助於課程內容的選擇和組織，並可作為課程實施的依據和評價的準則。不過，課程目標能否真正成為課程設計後續工作的依據，能否在整個課程活動中起核心指導作用，在很大程度上還取決於課程目標本身的適切性、科學性。

制定目標有一個「黃金準則」——SMART 原則，它也可以運用到課程目標的設定上。SMART 是 5 個英文單詞的第一個字母的匯總。

⑴ S(Specific)——明確性的、特定而具體的

所謂明確就是要用具體的語言清楚地說明要達成的行為目標。許

多培訓課程未能取得預期效果就因為目標定得模棱兩可，或沒有將目標有效地傳達給相關學員。

⑵ M(Measurable)——可衡量的

所謂可衡量的就是指目標應該是明確的，而不是模棱兩可的。應該有一組明確的數據，作為衡量是否達成目標的依據。

如果制定的目標沒有辦法衡量，就無法判斷這個目標是否實現。當然可能領導有一天問「這個目標離實現大概有多遠？」員工的回答是「我們早就實現了」。這就是領導和下屬對目標所產生的一種分歧，原因就在於沒給他一個定量的可以衡量的分析數據。但並不是所有的目標都可以衡量，有時也會有例外，例如大方向性質的目標就難以衡量。

例如，「為所有的老員工安排進一步的管理培訓」。「進一步」是一個既不明確也不容易衡量的概念，到底指什麼？是不是只要安排了這個培訓，不管誰講，也不管效果好壞都叫進一步？

改進一下：準確地說，在什麼時間前完成對所有老員工關於某個主題的培訓，並且在這個課程結束後，學員的評分在 85 分以上，低於 85 分就認為效果不理想，高於 85 分就是所期待的一個結果。這樣一改就可以按最終參加的人數多少、主題是什麼、是不是解決問題、學員最後的滿意度是不是達到 85 分以上等這樣的指標來衡量，這個目標在衡量性特徵上就符合標準了。

⑶ A(Achievable)——可以達成的

定目標時，總希望越高越好，領導也有這種期待。但目標是要能夠被執行人所接受的，如果上司利用一些行政手段，利用權力性的影響力一廂情願地把自己所制定的目標強壓給下屬，下屬典型的反應是一種心理和行為上的抗拒：我可以接受，但是否完成這個目標，有沒有把握，這個可不好說。一旦有一天這個目標真完成不了的時候，下屬有一百個理由可以推卸責任——你看我早就說了，這個目標肯定完成不了，但你堅持要壓給我。

在設定培訓課程目標的時候，要根據學員的素質、經歷等實際情況，以實際工作要求為指導，設定通過培訓而實際達到的目標。例如，基層針對員工的培訓，如果培訓目標是「通過此次培訓員工掌握情境管理技巧」，那麼可以斷言這個目標是「空中樓閣」，無法實現。

⑷ R(Realistic)——實際性的

目標的實際性是指在實現的條件下是否可行、可操作。可能有兩種情形：一方面領導者樂觀地估計了當前的形勢，低估了達成目標所需要的條件，這些條件包括人力資源、硬體條件、技術條件、系統資訊的條件、環境因素等，以至於下達了一個高於實際能力的指標。另一方面，可能花了大量的時間、資源，甚至人力成本，最後確定的目標根本沒有多大的實際意義。

例如，一位餐廳的經理定的目標是「早餐時段的銷售額在上月早餐銷售額的基礎上提升 15%」。其實，如果把它換成利潤是一個相當低的數字，這可能只是一個幾百塊錢的概念，但為完成這個目標的花費要多大？這個投入比起利潤可能要更高。

目標的實際性要從兩個方面看：第一，是不是高不可攀；第二，是否符合企業對於這個目標的投入產出期望值。

培訓的開展，也受到培訓預算、場地、時間等硬體方面的限制和領導的支持以及學員的學歷、文化素質、接受能力等軟體方面的限制。因此在設定培訓課程目標的時候，要考慮到這些限制因素，所確定的培訓目標要符合實際情況。

⑸ T(Timed)——時限性的

目標特性的時限性就是指目標是有時間限制的。沒有時間限制的目標沒有辦法考核，或帶來考核的不公。上下級之間對目標輕重緩急的認識程度完全不同，上司著急，但下屬不知道。到頭來上司可能暴跳如雷，而下屬覺得委屈。這種沒有明確時間限定的方式也會帶來考核的不公正，傷害工作關係，傷害下屬的工作熱情。例如：在 2007 年 6 月 31 日之前完成某事，6 月 31 日前就是一個確定的時間限制，6 月 31 日之後的任何一天都可以檢驗這個目標是否完成。在設定培訓課程目標的時候，時限性可以被理解為時間設置符合實際。

4. 開發課程大綱

課程大綱是在明確了培訓主題和瞭解培訓對象之後，對培訓內容和培訓方式的初步設想。大綱給課程定了一個方向和框架，整個課程將圍繞著這個框架一步步充實和延伸。在課程大綱裏，將給出本課程的主要內容和學習的方向。

編寫課程大綱的時候，要遵循的步驟是：根據課程目的和目標寫下主題；為提綱搭一個框架；寫下每項具體內容；選擇各項內容的授課方式；修改、重新措辭或調整安排內容。

對於內容開發，要考慮的因素包括課程的外觀特徵、適用性、可行性、一致性、互動性、關聯性、適用性、進度，以及內容與學員專門知識水準的協調性。

內容開發是培訓流程中最具有創造性的階段，也是最耗費時間的步驟，內容的編排要符合課程的目標和學員的需要，根據這樣的要求分析需要學習的內容很多，但是考慮到實際的需要，考慮到企業培訓投資效益的因素，有必要對所需培訓的內容做一個優先的排列，通過排列把所包含的很多不切實際的歷史資料、扯得很遠的問題和其他不適用或無用的內容剔除掉。

考慮作業的內容，培訓師應該為作業做出說明，如作業的目標、規定完成作業的時間、作業的管理方式和參考答案。還應該將相關的作業說明告知學員，其中包括課外作業的時間。

不要以為只要學員用書中介紹了作業說明，培訓師就一定會注意到它；也不要假定，只要培訓師用書中包含了作業說明，培訓師就一定會把它傳達給學員。

如果作業說明對於有效地安排作業和完成作業至關重要，那麼就應該把它納入課程之中。千萬不要假定培訓師和學員會自動意識到作業的存在，或者假定培訓師一定知道正確答案。

如果培訓不涉及培訓師，那麼應該把作業說明納入作業中，千萬不要想當然。例如，假定學員知道如何做多項選擇題，那麼就應指導學員是選一個答案，還是選一個以上的答案；指導他們是將不會的問題空出來，還是把自己猜測的答案填上去；指導他們怎麼標出正確答案。

如同為傢俱選擇裝飾物，可以選擇不同的方法來實施設計方案。培訓師可以根據授課方式大膽自由選擇，而且這些方式在一次授課過程中往往不是單一使用。

可供選擇的授課方式有：演講、討論、專家座談會、角色扮演、提問、小組討論、腦力激盪法、戶外遊戲、演示、輔導、案例討論以及觀看錄影等。

慎重考慮培訓資源，成功地完成一次培訓，人力、物力的支持是必需的。當不能確切肯定需要什麼樣的培訓資源時，可以按下面的思路去想：這次培訓需要那些設備、設施？這些設備、設施如何獲得？這次培訓需要那些硬體、軟體？這次培訓需要那些參考資料以及課程附錄等？這次培訓需要什麼樣的內容專家？是那個領域的？需要多長時間的輔助？怎樣取得他們的支持合作？

通過問某些問題，可以幫助確定培訓的內容，下面以服務人員的培訓課程為例。

表 4-1　確定服務人員課程內容的問題

問　題	回　答
為什麼需要培訓	為了更新客戶服務的質量
課程的目標是什麼	向服務人員傳授服務技巧
課程應包括那些內容或不應包括那些內容	應該包括與人溝通的技巧，不應該有技術內容
培訓結束後，學員應該具備那些能力	應付有情緒的客戶，非常專業地解答客戶的問題
在何種環境下進行培訓	模仿工作環境
達到何種資格	學員能夠向客戶說明其他選擇，並表現出一定的熟練程度
拿到何種證書？需通過什麼考試	獲得結業證書，可能要通過一項關於服務技巧的測試

5. 規劃培訓方法

正確的培訓方法能保證學員有效達成培訓目標，選擇培訓方法需要考慮培訓內容類型、培訓內容的重要與難易程度、培訓要達到的目標等級。如果培訓內容重要、學習難度大、要求達到的目標等級高，那麼培訓方法的參與度和深入程度就高。

在設計課程方案時，培訓師需要考慮採用合適的培訓方法提升培訓效果。所有的培訓方法的設計與使用，應綜合考慮培訓內容和培訓者的相關情況，如他們的背景、經歷、學習風格和溝通能力等。培訓師應該事先瞭解學員們的學習風格，在此基礎上制定相應的培訓方法。

6.開發教材及教具

7.試講與回饋

試講可分為個人試講和小組試講兩種。

⑴個人試講

一般是在鏡子前進行練習，第一次熟悉內容，然後熟悉各課程階段間的過渡和時間掌握。這種方式缺少他人的回饋，適合缺少經驗的剛入行的培訓師。

⑵小組試講

有時在部份學員面前試講，但存在心理壓力，影響正常發揮；另一種請朋友或同事當聽眾，並請他們分別注意培訓過程中不同的方面，並要求他們提出一些挑戰性問題，製造真實的現場氣氛，可獲得儘量多的回饋資訊和幫助。

五、培訓課程簡介

開發一個完整的課程，一般會從簡單到複雜、從概貌到細節，依次編寫出：《課程簡介》、《課程大綱》、《課程時間表》、《培訓師手冊》和 PowerPoint(簡稱 PPT)。

《課程簡介》包括的內容有培訓目標、課程對象、培訓師簡介、課程時間等，是描述課程的一個基本框架，介紹課程以及培訓師的背景。

《課程簡介》是幫助人們瞭解這個培訓課程的全貌的文檔，它需要的筆墨不多，但卻要求沒有遺漏地各方面都介紹到。

在一個課程開始之前，分析培訓需求、明確培訓目標是一件非常重要的事情。如果是針對某一個企業的培訓，就可以深入企業內部，訪談相關人員，做比較詳細的需求分析了。在面談過程中，需要注意的是：

⑴擅長提問，注意傾聽，因為大部份有價值的資訊基本上都需要通過面談才能得到；

⑵面談對象的職位最好較全面，而不僅僅是抓住部門頭頭；

⑶得到的資訊越具體越好，尤其是關於未來受訓者方面的；

⑷有時面談不一定能得到真實有用的資訊，條件許可的話就親臨工作現場看看；

⑸整理分析這些資訊時要注意部門、職位、資歷等的差別。

在對受訓人員的現狀、培訓後希望達到的程度做比較後，這之間的差距、需要增加那些知識和技能就可以構成一個詳細的培訓目標了。課程目標提供了學習的方向和學習過程中各階段要達到的標準，它們經常是通過聯繫課程內容，以行為術語表達出來的，而這些術語通常屬於認知範圍。在熟悉一般課程的教學大綱中，最常用的有記住、瞭解、熟悉、掌握等認知指標。至於分析、應用、評價等較高級的認知行為目標，顯然是可以表述出來的。

六、培訓課程大綱

課程大綱是在明確了培訓主題和瞭解培訓對象之後，對培訓內容和培訓方式的初步設想，大綱給課程定了一個方向和框架，整個課程將圍繞著這個框架一步步充實和延伸。在課程大綱裏，將給出本課程的主要內容和學習的方向。

在編寫大綱的時候，要遵循的步驟和注意的事項是：

⑴首先寫下你的主題、目的；

⑵然後為你的提綱搭一個框架；

⑶寫下每項你想講的具體內容；

⑷最後要修改、重新措辭或調整安排內容；

⑸必須用統一的字母和數字。

七、PPT 的製作

培訓師可以將大綱和主要步驟羅列出來輕鬆完成 PPT 的製作，以在課堂中給學員放映演示。

PPT，是美國微軟公司演示軟體 POWERPOINT 的縮寫，也是目前最普遍使用的一種電腦演示製作軟體。PPT 是一些集聲音、圖像、文字等一體的電腦演示文稿，它最大的好處是激發學員的學習興趣，並對培訓師的講課起著提綱挈領的作用。

PPT 的製作中主要包含下列一些元素：介面、顏色、文字、圖表、聲音、動態效果和備註頁，等等。

八、培訓課程時間表

制定好了《課程大綱》之後，要根據大綱，再考慮資料的來源制訂出課程的時間表，將課程的內容及所需要的時間初步地固定下來，以進行後面的進一步充實《課程大綱》的工作，見表 4-2。

表 4-2　課程時間表

環節	內容	時間	分鐘
1. 開場白和課程的導入	開場白課程的導入	9：00～9：15	15´
2. 認識時間管理	· 時間的特性 · 時間可否管理 · 如何管理時間 （課間休息）	9：15～10：30	60´ +15´
3. 瞭解時間管理的現狀	· 時間管理 · 評估你的一天	10：30～11：00	30´
4. 時間管理的陷阱	· 豬八戒踩西瓜皮 · 不好意思拒絕別人 · 不速之客 · 會議病 · 文件滿桌病 · 事必躬親 （中午休息）	11：00～12：00	60´
5. 如何跨越時間陷阱	· 明確目標 · 去除不必要和不合適的事務 · 制定你的計劃 （課間休息） · 踢除行動障礙 · 及時行動	13：00～15：30	75´ +15´ +50´
6. 時間管理的工具	· 時間管理的工具 · 使用時間管理工具的四把鑰匙 （課間休息）	15：20～16：00	25´ +15´
7. 時間管理的進一步提升	時間管理學的四代理論 以人為本的第四代時間管理學	16：00～16：50	50´
8. 總結	· 學員提問 · 本課程回顧與總結	16：50～17：00	10´

在制定時間表的過程中，除了要考慮授課方式、素材數量的問題外，還要遵循以下原則：

⑴每天的學習重點最多不能超過 5 個，以 3 個為最佳；

⑵上午學員精力充沛，可多安排理論知識的學習；下午學員精神難以集中，要多安排休息和活動；

⑶以從早上 9：00 學到下午 5：00 為例，每天至少要預留一個多小時的休息時間，其中含 1 小時的午飯，3 次 15 分鐘的休息；

⑷每天最好留出半小時的時間來答疑或處理突發問題。

九、培訓師手冊

整個培訓課備課過程中最艱巨、最具創造性的工作了，就是製作《培訓師手冊》。

在製作《培訓師手冊》的過程中，最重要的是按照課程大綱的思路，依照時間表的時間分配，來進行資料的收集和編排工作。

就像演講一樣，培訓也分為三個部份：開場、主體部份和結尾。下面就順著這個順序，來看一看如何編寫一個脈絡清楚、內容翔實的《培訓師手冊》。

1. 開場

一個好的開場對於培訓來說是非常重要的。學員是昏昏沉沉地度過這一天還是聚精會神地投入到課程的學習中，有很大一部份在於開始的時候，培訓師是否足夠地強調了課程的重要性，是否帶來了一些趣味性在裏面，是否有效地激起了學員的注意力。

正是這樣，不同的開場方式給學員的學習態度和培訓效果帶來不同的影響。專業的培訓師會靈活運用各種方式進行開場白，以化解學員的陌生感，快速激起他們對課程的信任感和參與度。

2. 主體部份

主體部份是培訓的中心內容，它佔用的時間最長，資訊覆蓋量也很大。一般來說，主體內容的編排形式是：先列出課程的第 1 個要點，再引出各個分論點，每個分論點下都有些論據(案例、數據、故事、活動、名人名言等)支撐，講完這些分論點，就講清楚了第 1 個要點。再講第 2 個要點，也是按照同樣的方法和順序。

在培訓主體部份，資料主要分為：理論知識、相關案例、測試題、遊戲活動、錄影資料和典故故事。作為一個專業的培訓師，要養成一個習慣，就是在生活中隨時隨地留意積累這些資料。遇到可能有用的資料細心保存起來，以備日後在培訓課上派上用場。同時，培訓師要注意「厚積薄發」，在平時的生活中做個有心人，多積累、多學習，在課堂上就會遊刃有餘、出口成章。

3. 結尾

一個好的結尾與好的開頭同樣重要，好的結尾可以加強小組討論的記憶，激起小組討論的贊同和熱情，激勵小組討論按照所學內容去行動。一般培訓課結尾的方式有以下幾種：

⑴重申主題

主題是對培訓內容的高度概括，重申主題對受訓者而言，從聽覺的角度接受了反覆強調的一個重點，這符合成人的記憶規律，容易留下長久的印象。

⑵祝福語結束

當進行了一整天的培訓後，無論是培訓師還是受訓者都會感到身心疲憊，在這樣的情況下，採用正式的語言結束會讓受訓者感到培訓師是在例行公事，雖然盡職盡責，但仍無法拉近雙方的距離。培訓師可以考慮使用祝福語作為最後的結束語。

⑶使用故事結束

使用哲理性故事可以作為開場的方式之一，也可以使用故事作為結束的方式之一。使用這種方式結束時也需要注意，使用的故事應該輕鬆一些。

⑷名言佐證

使用名言佐證也是可以考慮使用的方法。名言的特點是精練、寓意深遠，可以作為結束時的點睛之筆。

⑸行動鼓勵

由培訓師或受訓者的直接上司進行工作的動員也是一種結束培訓的方式，這種方法的使用類似於誓師大會，會在一種歡快鼓舞的氣氛中結束培訓。培訓師或受訓者的直接上司也可以利用這個機會指出今後工作的具體行動方案、實施要點與注意事項。

十、學員手冊

學員手冊就是供參與培訓的學員所用的材料。學員可以通過學員手冊熟悉課程的整體框架，還可以在學員手冊上記錄每個單元所學到的知識要點、心得以及將要採取的行動。

學員手冊的編寫應符合成人學習的特點，同時還需考慮培訓過程活頁的設計與使用。

學員手冊是培訓中的指導和參考，培訓結束後，也可以作為學員工作的參考。在進行課程開發時，培訓者要決定那些印刷材料可以編入學員手冊，那些最好不要提前發給他們(如測試題、調查問卷等)。學員手冊包括的主要內容如下。

⑴培訓主題、目標和日程安排。

⑵按模組分類的課程資料。

⑶附有問題的課前閱讀材料或任務。

⑷課堂閱讀材料。

⑸工作/任務表，如看錄影後要回答的問題。

⑹案例研究——與案例有關的所有內容都可以包括在學員的資料包中。

⑺小組任務——對任務的說明和用於小組討論記錄的空白紙張。

⑻角色扮演材料。

⑼投影或幻燈的複印件，這樣學員聽課時就不用記筆記了。

⑽課上要講解的技術過程的流程圖。

⑾課堂上要使用的圖表。

⑿學員在以後工作中能夠用到的工作指南。

⒀用於學員記錄學習日記的空白紙張。

⒁所有資料的目錄特別是在資料很多的時候。

十一、培訓學員指南

當培訓學員開始一個新的培訓項目時，或者這個培訓項目在很長時間以後又要進行或修改時，編制培訓學員指南就很有必要。培訓學員指南的內容主要包括以下幾個方面。

⑴課程描述、目標和其他資料等，如目標人群的情況、培訓所需的預備知識。

⑵培訓提綱，包括要覆蓋那些內容、各種活動如何開展等，這些內容要注意與發給學員的資料中的內容相對應。

⑶培訓中使用的各種資料的複印件。

⑷各種資料的目錄、文章題目、電影名或錄影名等。

⑸可選擇的活動。這些是培訓學員針對一些特殊的組織，或是根據自己的培訓風格和興趣有選擇地使用的。

⑹有關材料的複印件，如學員課前、課後的閱讀材料。

⑺各種材料的原件，以備複製需要。

心得欄

第 5 章

培訓師如何使用培訓工具

一、視覺輔助工具

在一般的培訓過程中，人的各種感覺途徑在其中的重要程度如下：

· 看：75%

· 聽：13%

· 聞、嘗、觸等感覺：12%

由此可知，在培訓中，與視覺、聽覺、觸覺等效果有關的內容及表現，都是應該給予高度重視的。

在培訓中會用到很多的輔助工具，包括：電腦、投影儀、大白板、活頁掛圖等，運用好這些輔助工具，將會使培訓現場生動、活潑，效果倍增。

1. 大白板

這是一種最基本的培訓工具，其作用就像在學校讀書時老師講課書用的黑板，但是大白板更輕便、靈活、易搬動。寫在上面的字跡清晰、易擦去，並且使書寫者不容易沾上油墨或污漬。

2. 手提電腦

將電腦引入培訓中，是最先進、最時髦的手段，通過電腦的多媒體功能，可大大提高培訓的趣味性和信息量。同時，電腦巨大的資訊處理能力，還可以使它成為培訓的資料庫和百寶箱。

3. 電腦投影儀

現在，大多數培訓師在課上都會用電腦和電腦投影儀放映 PPT 演示檔案。只有通過電腦投影儀，才能夠使所有學員同時把注意力集中在一個螢幕上，而預先準備的投影資料也節省了寶貴的培訓時間。

4. 活頁掛圖

為了使培訓現場環境與培訓內容、培訓目的協調起來，可在投影螢幕附近設置一個活頁掛圖，這樣既可以事先把有關資料貼放在上面，培訓過程中隨時翻開；也可以準備一些大白紙，培訓師隨時在上面書寫要點，加強學員記憶。

二、視聽輔助工具

1. 錄影機、VCD/DVD 機

作為授課的一種方式，錄影可以強化教學效果。它可以加入聲音、動作、色彩和幽默，可以通過錄影來引發一場討論，「如果你是錄影中的人物，你會怎麼做」；也可以通過放映一段故事案例，證明培訓師的論點和思想。

2. 攝像機

攝像設備最常見的用途是用於記錄講課、角色扮演等現場過程。

一旦錄好，就是永久的培訓資料，你可隨時隨地重放，而不必要求專家時刻在場。在角色扮演練習中，通過這種記錄手段，可以讓學員瞭解他們自己的表現和行為。

3. 錄音機

錄音機是一種很棒的培訓媒介，可以提供恰當的背景、前奏或結束音樂，或者引導培訓內容的轉變和強調某些重點。這是一種通過聽覺來輔助培訓的工具。

三、感覺輔助工具

感覺輔助工具不只包括能聞到、能嘗到、能接觸到的物品，它還包括其他一些物品，如一個建築物模型、一個汽車模型等，因為這些物品可以傳遞出立體感、綜合感等，所以它們也歸為感覺輔助工具。使用感覺輔助工具時，要注意：不要讓感覺輔助工具完全搶走了學員的注意力；每次課程只能用 2～3 個感覺輔助工具；用到有傷害性的工具如刀、剪、釘子時要注意安全。

四、講義以及其他書面材料

講義是對講課內容的一個提示，並非一定要將課程內容完全羅列。通常的一種做法是將 PPT 的內容裝進去，並且在一半的位置留出空白，以方便學員記筆記。無論講義的內容是全面性的、概括性的還是評論性的，它都要吸引人、邏輯性強和便於記憶。一般在培訓的幾週之前就要把講義準備好，這樣就能保證有充分的時間來複印和裝訂。

除了講義之外，還有一些印刷材料，包括案例、閱讀材料、測試題等。

五、選擇適用的輔助工具

培訓的課程中必會包含大量的概念、資料，如果這些抽象的內容全是出自於你的嘴巴，無論你用多麼美妙的表情和音調表達，學員也只能記住你說的內容的20%。但是，若借助工具，把抽象的概念、資料以多種直觀、形象的形式表現出來，能被學員記住的內容就可以增加兩倍，甚至更多。

培訓師根據授課內容、授課對象選擇適合的輔助工具，會大大提高培訓效果。

培訓中常用的輔助工具的優缺點如下：

1. 圖表和海報

圖表包括：餅形圖、柱狀圖、線狀圖、流程圖、立體圖等。

優　　點	缺　　點
· 價格便宜 · 攜帶方便 · 能反覆使用 · 形象直觀	· 缺少動畫 · 需事先準備和製作

2. 印刷材料

即培訓課程的一些輔助資料或要點說明。

優　　點	缺　　點
· 價格便宜 · 可以給學習者留作永久資料	· 只限於圖表和文字 · 可能會影響學員注意力

3. 書寫板

流行的書寫板大多是白色板，它是傳統的黑板的替代品。

優　　點	缺　　點
· 不會弄髒衣服和手 · 易操作 · 易移動 · 價格便宜 · 耗材容易獲得 · 易於修改	· 不夠正式 · 對書寫的字體要求高 · 有距離的限制 · 筆容易乾枯 · 只限於簡單的圖表和文字

4.夾紙板、粘貼展板、磁性展板

用於放置要書寫的白紙或是要展示的相關圖表、海報。使用粘貼展板前，需先用膠水將紙質材料粘貼在板上；磁性展板由表面塗有精細油漆的薄鐵板製成，本身不帶磁性，需配備專用的磁石才能使用。

優點	缺點
· 易操作 · 易移動 · 價格便宜	· 受距離的限制 · 只限於圖表和文字 · 對書寫的字體要求高 · 需手動更換 · 需事先準備

5.實物投影儀

通過折射的原理，把事先製作好的透明膠片打在光滑的物體平面或牆上。

優點	缺點
· 隨時佈置和撤除授課資訊	· 昂貴 · 體積大，不易運輸和安裝 · 需要學習操作技巧

6. 電腦投影儀

通用的電腦投影儀分成 LCD 儀表板的外形與實物投影儀差不多。現在資料幻燈機較為常用。

優　　點	缺　　點
· 直觀形象 · 方便	· 昂貴 · 不便於隨便移動 · 需與其他設備配合使用 · 需要學習操作技巧

7. 錄影機、VCD/DVD 機

用於播放各種影像。

優　　點	缺　　點
· 直觀形象 · 大多數材料可租用或購買	· 昂貴 · 需要借助其他媒介 · 需要學習操作技巧

8. 幻燈機

用於播放幻燈片。

優　　點	缺　　點
· 易操作 · 要點清晰、便於記錄	· 只限於圖表和文字 · 製作幻燈片過於耗時 · 缺少動畫效果 · 要求較暗的燈光

9.電腦

可以播放各種聲音、文件、影像。由於筆記本電腦攜帶方便，所以在培訓中經常被使用。

電腦結合了多種輔助工具的優點，可以說，是現在流行的最為高效、方便的工具。

優　點	缺　點
・可以展示各種內容	・需要操作技巧
・形象直觀	・需結合其他設備使用
・速度快	・需事先製作相關內容

六、需要多少種輔助工具

如果所有的輔助工具都派上用場的話，會出現什麼樣的狀況呢？沒錯，你確實可以少說點話，可是你要轉身在白板上寫字，然後又轉到另一邊去翻動夾紙板上的圖表，再低頭用右手按電腦鍵盤，再用左手按 VCD 機，錄影機……你可能會為此忙得滿頭大汗。你的忙碌確實吸引了你的學員，可是他們注意的是你的表演，但卻沒有記住你說了些什麼。

大多數的輔助工具能增加便利，增強培訓的效果，但是，也有可能拉大了培訓師與學員的距離。如果你的授課技巧不高，用太多的輔助工具反而會把事情弄得更糟。

選擇輔助工具應遵循如下原則：

(1)符合培訓的主題；

(2)能引起學員興趣；

(3)操作熟練；

⑷創造良好的視覺效果；

⑸幫助學員理解培訓內容。

七、如何使用輔助工具

在培訓前，要確保能夠自如地操作所選用的工具。越熟悉工具的操作，出錯的機會就會越少。

1. 實物投影儀

⑴需調準焦距。

⑵要調整投影儀支架位置，以使坐在最後的學員能看到螢幕。

⑶為避免圖像失真，投影儀上方的螢幕需傾斜成一定的角度。

⑷換膠片或幻燈片時關掉電源，否則投影儀就會映照出換片時混亂的畫面，顯得很不熟練。

⑸要確保投影儀與風扇同一高度，使風扇發揮最大效能。

⑹待風扇關掉後才可關閉機器。

2. 電腦投影儀

⑴如果使用筆記本電腦，請確保電池電量充足。

⑵確保每個學員都能看到投影的內容。

⑶投影儀要預熱 3～5 秒，才能正常工作，所以要提早開機。

⑷電源關閉後，等待投影儀內部排風扇停止工作(大約 5 分鐘)才可拔下電源，否則投影儀容易損壞。

⑸在開機狀態下，燈絲處於高溫狀態，不要隨意搬動機器。

⑹如果使用液晶顯示和投影屏，要使用高亮度的投影儀。

3. 書寫板

⑴書寫板要安裝在滑輪架子上，以方便移動。

⑵寫在書寫板上的字要足夠大，讓每個人都看得清楚。

⑶使用白板筆寫字，不要用擦不掉的油性筆。

⑷不要在書寫板上寫太多的內容，以及隨意地塗改，這樣會顯得你不夠專業。

⑸書寫時不要背對著觀眾。

⑹如果你是右手寫字，請站在寫字板的左邊，反之站右邊。

4.電腦

⑴開關筆記本的 LCD 時要輕開輕關，以免導致連接線損壞。

⑵不要在開機狀態下移動電腦。

⑶最好在斷電的情況下插拔電腦的外設等。

⑷不要在電腦旁放置水杯、飲料等液體物品。

⑸使用 PowerPoint 演示幻燈片時，如果幻燈片將持續較長時間，要事先取消螢幕保護流程。

⑹如果你不熟悉筆記本電腦的滑鼠和鍵盤，請使用外置滑鼠和鍵盤。

5.幻燈機

⑴規格不符或已變形的幻燈片不得勉強裝入幻燈機中，以免因卡片而使機件受損。

⑵放映機台應安全穩固，以免幻燈機摔壞。

⑶為防止機體溫度過高，在打開燈泡開關前應先打開風扇。

⑷使用時儘量不要移動幻燈機，以免因碰撞而使放映燈泡壞掉。

⑸使用後要關閉放映燈泡並保持風扇轉動，待燈泡冷卻後再關閉電源。

⑹更換燈泡時避免用手直接拿燈泡表面，以免手上的油污或汗水留在燈泡上，減低燈泡壽命。

6. 圖表海報

⑴不要在同一張圖表中安排太多資料。

⑵字體要適中，色彩要協調。

⑶如果學員座位超過 10 行，儘量不要使用圖表海報。

7. 印刷材料

⑴不要在講課前分發，以免分散學員注意力，除非你希望學員能事先閱讀材料。

⑵字體要清晰，不要有錯別字等或印刷錯誤。

總之，在使用輔助工具時，培訓師還要注意以下幾點：

· 無論用什麼樣的輔助工具，請記住對著聽眾講話。
· 要儘量自己控制所有的輔助工具，這樣有利於控制時間和進度。
· 請配備指示螢幕、書寫板、夾紙板上內容的教棍或是鐳射指示器。
· 配製軟體、光碟、錄影帶、幻燈片備份、白板筆、電線等配件最好帶兩套到現場。
· 如果你沒有現場處理設備的技能，要確保有人在現場幫你解決。
· 要做好不使用任何視聽工具的準備，你可將要在螢幕展示的內容印成書面材料，以防萬一。

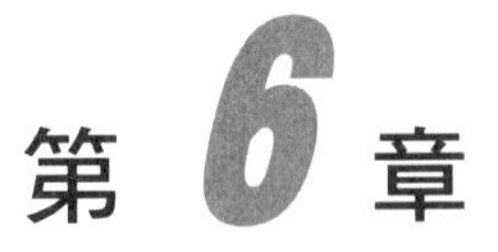

第6章 綜合運用培訓方法

在整個培訓過程中，如果僅僅是培訓師在講台上講課，學員在下面聽，學員學習的效率肯定不會很高；若讓學員參與其中，將能使被動學習轉化為主動學習，從而使他們的學習積極性大大提高，而且成人自主性強，他們也比較會接受這種通過實踐去學習的方法。

採取多種培訓方式，是讓學員參與學習的好途徑。

培訓的方式有很多種。各種培訓方式各有其優缺點，並沒有最好的方法，關鍵是運用得當。

一、流程教學

流程教學法是指培訓師根據學員的學習步調，將一個複雜的課題按照邏輯順序細分成很多組織起來的小課題，學員按照小單元、由淺至深、由簡至繁等流程化的步驟，逐漸學到所需的知識和技能。

⑴適用範圍

此種方法多用於知識類較強的培訓中。

⑵操作步驟

流程教學法的主要步驟是：

①準備階段

· 培訓師把教學內容分解為若干個一問一答的小單元，並將這些單元按由淺至深、由簡至繁的順序安排；
· 在培訓師的建議下，每一個學員尋找自己的「合作夥伴」，並就如何安排角色進行協調，其中一人充當「講述者」，一人充當「回饋者」；
· 培訓師準備流程材料。一式兩份，一份為問答題，發給講述者；一份為問答題答案，發給回饋者；
· 講述者與評估者準備紙和筆；

培訓師對講述者與回饋者進行指導。

②實施階段

· 每一對合作夥伴選擇一個合適的位置，開始進入練習。講述者進行講述，回饋者不時鼓勵對方繼續講述，以及不斷努力表述清楚、正確；
· 當講述者難以清楚表述某個問題，或者感覺對某個問題的答案把握不準確時，就需與回饋者進行溝通：「我給『卡』住了，請讓我再思考一下。」「我無法肯定答案，也許我應該這樣想……」
· 當回饋者不明白講述者的表述，或者認為對方出了錯時，就必須給予幫助了，提醒對方「再三思考」；

講述者的個人評價表

您掌握了這一單元的那些內容？

您認為您能夠清楚、正確地表述要點、回答問題嗎？如果不能存在那些困難？您又是怎麼解決的？

您認為您無法清楚、正確表述的要點、問題有那些？在回饋者的引導下，是否已經得到解決？

您認為未能得到解決的疑難點是那些？

回饋者的個人評價表

作為一個回饋者，您認為您是否已經盡責？您認為您那一方面做得好，那一方面需要改善？

在幫助講述者學習的過程中，您學到了什麼？

當講述者無法清楚、正確地表述要點、回答問題，您是如何鼓勵與引導對方的？

在您的幫助下，講述者未能解決的疑難點是那些？為什麼問題未能得到解決？

· 如果在你的幫助下，對方仍然找不出毛病，先別急著直接給出答案，請對方繼續講述；
· 講述完畢後，兩個人各自完成個人評價表格，並就各自的評價意見進行溝通。
· 對於講述者未能解決的疑難點，回饋者與其展開討論，直到回饋者掌握了正確的答案；
· 回饋者挑選重點問題，請講述者作全面的回答，再次強化講述者對這一單元內容的理解和記憶；
· 接著互換角色，開始另一個單元的練習；
· 重覆以上步驟，直至課程完成。

⑶分析

流程教學法有以下特點：

①小步子的邏輯順序

把教學內容分解為若干個一問一答的單元，這些單元按一定序列安排，內容由淺至深，由簡至繁。

②積極的反應

一個流程教學過程，必須使學員始終處於一種積極學習的狀態中。也就是說，在教學中使學員產生一個反應，然後給予強化或鼓勵，以鞏固這個反應，並促使學習者作進一步的反應。因而流程教學法能激起學員的主動性和積極性，使學員主動接受知識。

③直接的回饋

學員對問題的理解表述完畢後，就得到直接的回饋，這對培訓內容的理解和記憶起到了強化作用。另外，直接回饋還可檢驗學員的學習，避免錯誤的學習，便於迅速地校正錯誤。

④能夠幫助學員有效縮短學習時間

⑤培訓師的主導作用不可忽視

雖說流程教學法是以學員的活動為主，但為了達到有效的教學目的，培訓師的主導作用仍然是不可忽視的。例如編制流程材料，為了能在學員需要幫助的時候對學員進行自如的輔導，培訓師應對全部的流程材料瞭若指掌；教會學員如何使用流程材料；對「講述者」與「回饋者」進行指導。

二、暗示教學

暗示教學，就是對教學環境進行精心的設計，用暗示、聯想、練習和音樂等各種綜合方式建立起無意識的心理傾向，創造高度的學習動機，激發學員的學習需要和興趣，充分發揮學員的潛力，使學員在輕鬆愉快的學習中獲得更好的效果。

保加利亞心理學家洛紮諾夫給暗示教學法下的定義是：「創造高度的動機，建立激發個人潛力的心理傾向，從學員是一個完整的個體這個角度出發，在學習交流過程中，力求把各種無意識結合起來。」

⑴適用範圍

該方法對所有年齡的人效果都非常好。目前，許多國家都在研究和使用它。

⑵操作步驟

暗示教學法的操作步驟如下：

①培訓師提供要發現的概念或規則的例證，或提出要解答的問題，並提供某些解題線索。

例如：在概念教學時，先呈現概念的例證，但不直接告訴這些例證的共同本質特徵；在教規則或原理時，只提供規則的例證(蘊含線索)，而不是呈現規則或原理本身。

②學員將培訓師提供的線索轉化成命題，在認知結構中以適當方式加以表徵(即理解呈現的材料)。

③學員在培訓師的指導下進行辨別(辨別呈現的例證的本質與非本質特徵)，提出假設、檢驗假設和概括等思維過程，即進行發現的過程。

④學員將已發現的知識(如概念、規則、解題方法)納入相應的認知結構中，利用先前學過的知識去解決新的問題，並因此發現新的規則，以及得到解決問題的策略，即同化新發現的知識。

⑶分析

暗示教學法的原理是整體性原理。它認為，參與學習過程的不僅有大腦，還有身體；不僅有大腦左半球，還有大腦右半球；不僅有有意識的活動，還有無意識的活動；不僅有理智活動，還有情感活動。

而人們在通常情況下的學習，總是把自己分成幾部份：身體、大腦兩半球、有意識和無意識、情感和理智等，它們總是不能協調，甚至相互衝突，因而大大削弱了人的學習能力。

暗示教學法就是把這幾部份有機地整合起來，發揮整體的功能，而整體的功能大於部份的組合。

由此，暗示教學法理論依據的要點有：

①環境是暗示重要而廣泛的發源地；

②人的可暗示性；

③人腦活動的整體觀；

④創造力的假消極狀態最易增強記憶，擴大知識，發展智力；

⑤充分的自我發展，是人最根本的固有需要之一；

⑥不愉快的事情往往不經意就為知覺所抵制。

⑷實例

例如在教試算表 EXCEL 時，第一節課就讓學員去處理實際問題：從最簡單的「課程表」、「座位表」到複雜的「成績統計表」、「班費開支表」……在編制「成績表」時，學員學會了求平均分、算總分、篩選不同等次的成績等技巧。

但當考試成績改成用「優秀」、「良好」這種等次記分後，這些等次要手工輸入，很不方便。怎麼辦？有的學員想到了複製，但立即有人反對：「這還是手動的，沒有體現試算表的優勢。」有的學員提出先按分數排序，然後再把不同等次的用填空的辦法填上去。

這時培訓師可以先肯定這種利用已學知識靈活解決問題的思路，同時告訴學員，在試算表中有一種功能強大的函數——IF 語句，於是瞭解 BASIC 的同學立即編出了相應的語句，解決了這一難題。

只有當學員自己產生疑惑、有解決問題的衝動時，才能更好地去學習新知識，最終尋求解決問題的方法。

三、情景化教學

根據《韋伯斯特詞典》所下的定義：情境是指「與某一事件相關的整個情景、背景或環境」。

情境化教學就是在教學過程中，依據教學內容，設計安排一個或多個與現實問題相關的情境，其中蘊含了與學習有關的問題懸念，引導學員獨立思考，激發學員對教學內容的強烈求知慾望，以最佳的學習狀態進行學習。

(1)適用範圍

適用於新知識的學習，尤其是某些情境或事件的處理辦法與技巧等。

(2)操作步驟

要達到對該知識所反映的事物的性質、規律以及該事物與其他事物之間的聯繫的深刻理解，最好的辦法是讓學習者到真實環境中去感受、去體驗(即通過獲取直接經驗來學習)，而不是僅僅聆聽別人(例如培訓師)關於這種經驗的介紹和講解。

情境化教學的主要操作步驟如圖 6-1。

圖 6-1　情景化教學

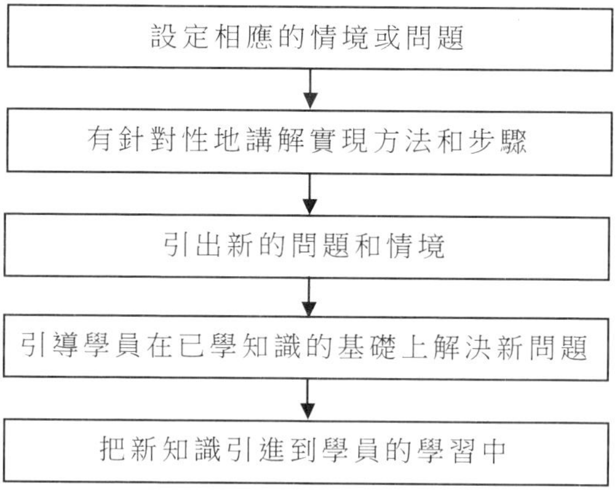

設定相應的情境或問題
↓
有針對性地講解實現方法和步驟
↓
引出新的問題和情境
↓
引導學員在已學知識的基礎上解決新問題
↓
把新知識引進到學員的學習中

(3)分析

情境化教學要求注意知識表徵(語義的、情節的和動作的)的多元化問題，並加強它們之間的聯繫。同時，還應注意知識表徵與多樣化情境的關聯。

培訓師的作用主要在於激發學員的學習興趣，努力促使學員將當前的學習內容和自己已經知道的事物相聯繫，通過創設符合教學內容要求的情境，提示新舊知識之間的聯繫線索，幫助學員理解當前所學知識的意義。

四、拋錨式教學

拋錨式教學就是使學員在一個完整、真實的問題背景中，產生學習的需要，並通過鑲嵌式教學以及學習共同體中成員間的互動、交流(即合作學習)，憑藉自己的主動學習，親身體驗認識目標到提出和達到目標的全過程。

這種教學策略要求建立在有感染力的真實事件或真實問題的基礎上。確定這類真實事件或問題被形象地比喻為「拋錨」，因為一旦這類事件或問題被確定了，整個教學內容和教學進程也就被確定了，就像輪船被錨固定了一樣。

⑴適用範圍

拋描式教學是使學員適應日常生活，學會獨立識別問題、提出問題、解決真實問題的一個十分重要的途徑。

⑵操作步驟

拋錨式教學策略由這樣幾個步驟組成：

①前期準備

選擇主題、學員，並作前期的準備，如補充相關知識及有關操作技巧等。

②創設情境

使學習能在和現實情況基本一致或相類似的情境中發生。在教學中，培訓師只是在關鍵時候提出一些問題加以引導，或引起爭論，或肯定學員在學習過程中所取得的成就。

③確定問題

在上述情境下，選出與當前學習主題密切相關的真實事件或問題作為學習的中心內容，讓學員面臨一個需要立即去解決的現實問題。選出的事件或問題就是「錨」，這一環節的作用就是「拋錨」。

④自主學習

明確了學習方法之後，把學員分成若干小組，讓他們進行自主學習。在學員自主學習的過程中，培訓師應和學員在一起，對他們的學習給予必要的指導。但這種指導多數是操作性的或技術性的，對於一些規律性的或概念性的知識，更多地是鼓勵學員自己進行總結。

⑤歸納小結

拋錨式教學要求學員解決面臨的現實問題，所以學習過程就是解決問題的過程，即該過程可以直接反映出學員的學習效果。所以，對這種教學效果的評價只需在學習過程中隨時觀察並記錄學員的表現即可。

⑶分析

拋錨式教學有以下兩條重要的設計原則：

①教學與學習活動應圍繞某一「錨」來設計；

②課程的設計應引導學習者對教學內容進行探索。

拋錨式教學不是由培訓師直接告訴學員應當如何去解決面臨的問題，而是由培訓師向學員提供解決該問題的有關線索。

例如需要搜集那一類資料、從何處獲取有關的資訊資源，以及現實中專家解決類似問題的探索過程等，要特別注意發展學員的「自主學習」能力。

在拋錨式教學中，學員參與了整堂課的知識建構，從資料的取得到自己見解的提出，師生地位發生了根本的轉變。學員由外部刺激的被動接受者和知識的灌輸對象轉變為資訊加工的主體、知識意義的主動建構者；而培訓師則由知識的傳授者、灌輸者轉變為學員主動建構意義的幫助者、促進者。

五、經營模仿

經營模仿法是指通過讓受訓者分別模仿同一行業中互相競爭的企業經營者，並向他們提供相同的經營條件和資料，讓其根據這些資料進行競爭「經營」，最後以「經營」成績優劣來研究經營決策得失的培訓方法。

經營模仿培訓方式建立在自發學習模型基礎上，主要包括兩個過程：

首先，激發興趣，使人願意把所接受的資訊，主動與已有知識聯繫起來，直到形成自己的結論和理解。

然後，經過運用和測試，確認自己形成的結論和理解。

⑴適用範圍

適用於激發管理層員工對公司的策略及實際管理興趣的培訓，也可用於員工調任的職前訓練。

⑵操作步驟

實施經營模仿的重中之重是模仿經營的過程。在整個模仿過程中，學員組成不同小組，即為不同的「公司」，學員在各個「公司」分別扮演行政管理、銷售、研發及生產部門員工，展開階段性的運作。

每個階段結束後，培訓師召開全體會議，分析上一階段中各個公司的經營狀況，傳授公司經營的有用工具及科學的商業運作理念，幫助各個「公司」規劃下一階段的運作方案；每家「公司」將通過「公司」的內部會議分析並解決具體的問題，同時制定下一階段的公司策略。

⑶分析

經營模仿培訓最獨到的特點，在於創造適宜自發學習的環境，經過充分的學習體驗，學員會運用學到的知識和技能，行為也最容易發生改變。

如此一來，員工就可以理解公司整個運作體系、工作流程和自己工作的必要環節；面對眾多學會如何合理分配資源；學會從全局出發思考並提出妥善建議；對不同客戶的需求差異及變更做出快速反應。

⑷實例

瑞典教育專家 Klas Mellander 於 1979 年開發的經營模仿訓練項目《決戰商場》是經營模仿訓練方式的一個經典範例。

在《決戰商場》訓練中，24 位學員被分配在 6 個相互競爭的模仿「公司」裏，分別擔任公司的市場營銷經理、銷售經理、生產和研發經理、財務經理、市場情報經理。根據「市場」需求預測和「競爭對手」動向，決定模仿公司的產品、市場、銷售、融資、生產方面的長、中、短期策略。然後，一年一年「實施操作」。每一年末用會計報表結算、分析經營結果，制定改進方案，繼續「經營」下一年。

在此過程中，學員們不僅看得到自己的經營結果，更想瞭解自己的「公司」為什麼做得好或不好，為什麼計劃中的事情總是錯過良機，為什麼不希望出現的事情卻不期而至……在模仿中，學員突然意識到很多耳熟能詳的概念只是停留在「知」的層次上，卻並不「會」。

這時，學員進入到了最願意吸收資訊的學習狀態：「意識到了不足」。現在，他們迫切需要知道如何分析外部環境、如何分析市場和產品、如何提高內部效率、如何核算成本……

學員在結束課程時不僅真正學會了一些知識和技能，興趣也被激發起來了。他們強烈渴望知道更多有關自己所在公司的策略背景資訊，參與公司實際管理的慾望空前強烈。

六、實戰模仿

實戰模仿就是假設一種特定的工作情景，由若干個受訓組織或小組代表不同的組織或個人，扮演各種特定的角色，如總經理、財務經理、營銷經理、秘書、會計、管理人員等。

他們要針對特定的條件、環境及工作任務進行分析、決策和運作。這種職業模仿培訓旨在讓受訓者身臨其境，以提高自身的適應能力和實際工作能力。

(1)適用範圍

實戰模仿不僅適用於剛剛走上工作崗位而缺乏經驗的新手，也同時適用對於某項新任務來說缺乏能力的在職人員。它是職前實務訓練中被廣泛採用的一種方法。

(2)操作步驟

實戰模仿大致分為三個階段：

一開始可以使用軟體提供的演練資料練習，即原型測試；隨著自己資料庫的建立，逐漸轉為使用公司生產的某一種部件進行演練，即會議室模仿；之後再進行公司全系統的模仿演練，即實戰模仿。每次演練前要編制計劃，確定目的、參加人員、進度。

演練後，針對出現的問題認真總結，以便安排下一次的演練。即使經過培訓，但沒有經過多次的實地演練，相關人員也無法充分地瞭解、掌握系統的運行。另外，在實地演練之中還可以暴露各個介面的問題，這樣便於及時修補。

最後的演練必須包括從訂單到生產到採購到結賬的全過程，必須是一次綜合性的全面演練。

⑶分析

模仿訓練法側重於對操作技能和敏捷反應的培訓，它把參加者置於模仿的現實工作環境中，讓參加者反覆操作裝置，解決實際工作中可能出現的各種問題，為進入實際工作崗位打下基礎。

學員反覆模仿實習，經過一段時間的訓練，操作逐漸熟練直至符合規範的流程與要求，達到運用自如的程度。培訓師應在現場作指導，隨時糾正操作中的錯誤表現。

這種方法有時顯得單調而枯燥，培訓師可以結合其他培訓方法與之交替進行，以增強培訓效果。

⑷實例

近年來，在國際上出現了一種職業模仿公司。

例如荷蘭有家國際植物貿易公司，經營各種花卉，公司業務十分繁忙。但是他們並不真正賣花，而是專為受訓者提供相應的職位模仿工作。

在這家公司裏，客戶由秘書介紹並引進銷售部，雙方激烈地討價、還價並簽訂合約。假若存貨過多，公司立即設計出特價優惠廣告，供促銷員外出推銷。然後管理者發「紅包」，發出薪資單，公司也對失職員工「炒魷魚」等等。

但是，這些運作只是模仿，公司並未賣出一盆花，資金流動只停留在紙面上，薪資、獎金全是「空頭支票」。它只是讓受訓售貨員置身其中，讓其在公司運作氣氛中提高實際工作能力。

七、沙盤模仿

沙盤模仿即是將整個企業的運營方式展示在沙盤之上，使得企業的現金流量、產品庫存、生產設備、人員編制、銀行借貸等指標顯得清晰直觀。

沙盤模仿便於員工瞭解自己如何貢獻於企業的整體財務表現；解讀財務報表、比率、術語；增進與財務部門溝通的能力；學習制定有效並具前瞻性的商業計劃；學習多方面、系統地思考問題；學習運用財務原則考慮問題；改變對財務枯燥難懂的傳統看法；透視企業如何運作。

⑴適用範圍

本培訓適用於企業的中層管理者、高層決策者、財務人員及非財務從業人員。

⑵操作步驟

沙盤模仿的具體實施如下：

①設計模仿的情景

把學員分成 3～5 個管理團隊，互相競爭，每隊要親自經營一家有一定規模的企業。

假設企業目前的情況，如銷售良好、資金充裕、銀行信用良好等。需要解決的問題是在產品單一，而且只在國內市場銷售，產品老化，市場需求縮小，還同時有多家相同的競爭對手的情況下，要如何保持成功及不斷地成長。

②進行沙盤模仿

第一階段：選擇企業的定位和目標，經營規劃和決策

學員在這階段要學習如何分析市場、找出市場未來的機會點，學習如何決定企業的定位和長期目標、決定未來的發展方向、決定投資項目的優先順序，學習如何制訂競爭策略、規劃產品組合、決定新產品和新市場策略。還要學習如何制定生產策略及財務規劃，如何規劃市場營銷和銷售計劃。

第二階段：爭取短期生存、放眼未來

設置這樣的情形：「在學員接手企業的初期，競爭激烈，利潤下滑，投資項目不斷開展，需要大量的現金，新的投資又尚未有回報……」

這個時候學員將學到：如何解決長期和短期目標之間的衝突和挑戰；如何有效利用資產，改善現金流量，平衡資金；如何規劃生產設備投資，提高生產效率和產能；如何投入市場營銷費用，打擊競爭對手，確保市場地位等等。

第三階段：回饋與修正

接下來，經過幾年模仿經營，有的公司接近破產，有的公司日益壯大……

這時候要注意總結學員的心得，加上培訓師的分析，改進計劃，檢視定位和經營策略，分析銷量與利潤率，是否有效利用產能，是否所有的活動都是有獲利的，是否有徒勞無功的活動，進而改善現金流量，檢視利息支出。

第四階段：享受成功的果實

經營規劃和決策有了甜美的成果，如何維持市場地位，尋找市場未來的機會點，企業經營規劃和決策的循環又開始了……

這時，整個沙盤模仿就暫告一段落了。

③學習與應用

任何培訓都要轉化於實際工作中才是有效的，沙盤模仿結束後，要引導學員檢視自己的企業，尋找改善的機會，將學習的心得和體會，轉化成實際行動。

(3)分析

在模仿過程中，學員被分為不同小組，分別經營一家業績平庸的企業。

課程分為若干週期，每個週期都包括制訂和實施商業計劃(採購設備、製造產品、僱用員工、獲得貸款、研究對手，等等)，各企業通過競標來爭取客戶的訂單，所有的商業運作結果將隨時在沙盤上得到反映。

在經營的同時，學員要時刻關注企業的財務報表，包括損益表、資產負債表、現金流量預測表等，這些報表清晰地展現出該企業經營中產生的問題和取得的進步。

體驗式課程以獨特的教學方式，將西方現代管理理論和本地的具體商業環境相結合，吸取國外先進的經驗，同時注意適應我們的心理特徵與接受風格。

其最突出的設計在於，以體驗學習循環為基礎，通過參與各種形式多樣、生動有趣的互動式遊戲和體驗項目，透過分享討論，把枯燥的管理理論在活動中融會貫通，令每一位參與者通過親身體驗，從中得到學習的效果。

八、參觀訪問

參觀訪問就是指對某一特殊環境或事件，組織學員做實地的考察和瞭解。有計劃、有組織地安排職工到有關單位參觀訪問，也是一種培訓方式。職工有針對性地參觀訪問，可以從其他單位得到啟發，從而鞏固自己的知識和技能。

參觀訪問法以視、聽、記為主。從生動、具體的實踐對象中開拓視野，豐富實際知識，接受形象化的啟迪和教育。

⑴適用範圍

參觀訪問法主要適用於某些無法或不易於在課堂上講述的議題。通過參觀幫助學員瞭解現實世界的一些真實情況，瞭解理論與實際之間的差距。

⑵操作步驟

組織參觀訪問的步驟如下：

①詳細計劃與聯繫參觀的地點及有關人員

在培訓中，參觀訪問是配合某一課程的教學活動進行的。如經濟管理課程方面的培訓可以組織學員到經濟管理部門、工廠或企業去參觀訪問，目的是增加這方面的感性知識。經驗表明，無目的或隨意性的參觀訪問不僅浪費時間和經費，也不會收到理想的培訓效果。因此，參觀訪問要依據教學目的進行精心組織。

②詳細的行程表、地圖、參觀地點簡介等書面材料

一般來說，現實生活中的各種對象都有一定的培訓作用，但參觀訪問是一項有目的的培訓活動，而且受時間限制，需要選擇那些有典型意義的對象才能收到明顯的培訓效果。經驗表明，選擇比較後進或

比較先進的基層單位作為參觀訪問對象，可收到較好的效果。

③注意事項

出發前，應使學員瞭解參觀目的及學習目標，以提高學習的興趣及成效；進行過程中要請被參觀訪問對象的人做必要的說明或講解；結束後要及時組織大家整理資料、筆記，撰寫心得體會。

④每一參觀行程結束後，進行簡短討論以加強學習效果

由於個人觀察、感知能力方面的差異性因素，學員對所參觀訪問的對象會出現不同的反應。為加深或提高對客觀事物及人物的認識，參觀訪問結束後，可組織學員自由交換意見，鼓勵大家提出問題，暢談個人看法，或以座談討論來強化參觀訪問的效果。

⑶分析

參觀的優點是能夠激發學員對實際問題的關注，加強學員與外界間的聯繫，而且學習氣氛也較為輕鬆。

參觀的局限性是：交通與食宿費用可能較高，計劃與安排行程可能相當費時，受具體情況制約，實際行程的安排不見得合乎學習目標，學員學習成效可能也不高，易流於玩樂而忽略了學習。

全球營銷管理參觀訪問培訓

培訓主辦單位：美國洛杉磯大學培訓中心
主要培訓地點：洛杉磯
主要培訓內容：
(一)全球營銷管理
1. 市場營銷全球化
2. 利用互聯網路的營銷技巧與先進的電子商務
3. 營銷市場的研究與定價戰略
4. 推廣/促銷戰略
5. 顧客的消費心理和行為
6. 國際化企業與本土企業的營銷模式
(二)實地考察企業：
1. 可口可樂公司
2. 安大略大型購物中心
3. SONY 公司
4. 洛杉磯著名的電子商務公司
主講人：經驗豐富的市場營銷管理專家
證書：美國加州大學
(三)參觀考察培訓行程：

時　間	考察路線及訪問內容
第 1 天	抵達洛杉磯，休息
第 2 天	洛杉磯 課程培訓：利用互聯網路的營銷技巧與先進的電子商務 主講：洛杉磯大學資深教授
第 3 天	洛杉磯 課程培訓：市場營銷全球化和營銷市場的研究與定價戰略

第 4 天	洛杉磯—安大略—洛杉磯 上午課程培訓：營銷市場的研究與價戰略 下午實地考察：參觀安大略購物中心，針對市場營銷進行實地考察
第 5 天	洛杉磯 上午課程培訓：利用互聯網路的營銷技巧與先進的電子商務 下午實地考察：洛杉磯著名的電子商務公司
第 6 天	洛杉磯 上午：參加全體培訓的人員和培訓師合影留念，由洛杉磯大學校長親自頒發結業證書。 下午：休息，遊覽洛杉磯
第 7 天	洛杉磯　週末休息
第 8 天	洛杉磯—拉斯維加斯　週末休息
第 9 天	拉斯維加斯—三藩市　安排市區遊覽
第 10 天	三藩市　安排市區遊覽
第 11 天	三藩市—亞特蘭大　飛往亞特蘭大
第 12 天	亞特蘭大—華盛頓 上午實地考察：參觀可口可樂公司 培訓主題：推廣/促銷戰略，營銷市場的研究與定價戰略
第 13 天	華盛頓—費城—紐約　經費城到紐約
第 14 天	紐約 實地考察：參觀 SONY 公司 培訓主題：顧客的消費心理和行為
第 15 天	培訓結束。

九、團體訓練

所謂團體訓練，就是運用個人或團體進行有聲或無聲的培訓，讓學員開放自己，接受別人，或從訓練中與別人合作共同完成工作，學習與人相處及合作的方法。

在團體訓練中要強調融洽、合作及尊重別人的意見，如果同一團體中有不同意見的學員，要妥善化解衝突。

⑴適用範圍

團體訓練法主要是改變學員的態度和行為，適用於以人際關係和領導技能開發為目的的培訓。

⑵詳細內容

典型的方法是把學員安排在一個群體(這個群體稱之為培訓小組(training group)，簡稱「T 小組」)的情境中活動，這種情境設計和實際中的工作、生活情境相類似。

在一段時間內，例如 2～3 天或 2～3 週不等，學員與一名教員在一起活動時，要去掉日常情境中的種種人際關係的約束，教員與學員沒有地位的差別，不指派任何人充當領導、下級，沒有成文的規矩，也不制定活動日程等等。

當學員在這種情境下產生緊張和焦慮，產生退出培訓小組的想法，或想辦法在小組內重新建立人際關係的種種規範和約束時，團體訓練要解決的問題就出現了。

學員在新的團體模式中，有機會重新審視自己的學習過程、小組的形成過程等，端正對自己的認識和對別人的認識，以及對自己部門和其他部門的認識。

⑶分析

小組培訓的目的是樹立參加者的集體觀念和協作意識，教會他們自覺地與他人溝通和協作，同心協力，保證公司目標的實現。因此，小組培訓的效果在短期內並不明顯，要在一段時期之後才能顯現出來。

舉辦小組培訓的要點：

①每個小組培訓項目的人數為 4～6 人，每個參加者要有始有終，不得中途退出；

②每個小組最好有不同的性格、不同的經歷、不同的知識和技能的成員；

③培訓人員只起幫助、指導的作用，觀察參加者的行為，掌握進度，而不能隨意打斷；

④小組培訓要集中解決某一個問題，在解決問題的過程中，讓參加者瞭解溝通和協作的重要性。

十、野外拓展

拓展訓練源於 outward bound 一詞，又稱外展訓練，是一種讓參加者在不同平常的戶外環境下，直接參與一些精心設計的流程，繼而自我發現、自我激勵，達至自我突破、自我昇華的新穎有效的訓練方法。

野外拓展訓練是借鑑先進的團隊培訓理論，由傳統外展訓練發展而來的。它利用大自然的各種條件，通過設定具體的任務與規則，結合大自然環境本身存在的各種險阻、艱辛、挫折等困難來提升個人意志力、團隊的溝通能力、協作能力和應變能力。

⑴適用範圍

其功能體現在兩個方面：提高個體的環境適應與發展能力、提高組織的環境適應與發展能力。從某種意義上說，野外拓展的本質就是生存訓練。

⑵培訓目的

利用種種典型場景和活動方式，讓團隊和個人經歷一系列考驗，磨練克服困難的毅力，培養健康的心理素質和積極進取的人生態度，增強團隊合作的意識。

⑶培訓方式

主要包括場地、野外和水上這三種培訓方式。場地訓練即在專門的訓練場上，利用各種設施，展開攀登、跳躍、下降、通過等活動；野外訓練包括遠足宿營、野外定向、登山攀岩、戶外生存等課程；水上訓練包括紮筏渡河、漂流等課程。

⑷詳細內容

訓練一般由兩個部份組成：

①基地訓練

野外生活技能：建設宿營地、野外用火必備知識和野外自我防護。

素質拓展技能：瞭解裝備、掌握常用結繩、練習攀岩等相關技能。

團隊初步建設：利用場地科目與團隊拓展遊戲初步建立團隊，提升團隊的信任度、溝通力、決策力，為下一步的野外項目做好準備。例如：求生牆、空中飛人等各種團體項目。

②野外訓練

這是訓練的主體。主要形式有：天然攀岩、岩降、溯溪、救援行動、野外露營、紮筏尋寶、星空夜思、野外生存等等。

⑸分析

拓展訓練設置的課程項目只是教育訓練的一種手段，達到學員積極參與、勇於嘗試、自立互助、分享體驗的目的才是其關鍵。

拓展訓練要根據受訓學員的特點，包括他們的工作經歷、職業性質、崗位要求，編排不同的個人挑戰課程和團隊協作課程，培養積極進取的人生態度和團隊合作精神。拓展訓練的課程無所謂從易到難或從難到易，幾乎每個項目都是對團隊精神和個人意志的考驗。

①參訓單位將會有如下收益：

· 造就高績效團隊：有效改善人際關係，提升公司的凝聚力，培養個人與團隊的決策力、行動力、協作力，激發個體潛能與團隊精神，建立一支向心力強和高績效的團隊；
· 提升企業文化：參加訓練不僅是企業文化的展現與宣導，也是對企業文化的提升；
· 提高士氣：激發公司成員的集體榮譽感，從而提高公司的士氣，挖掘員工在工作上的更多潛能。

②參訓個人將會有如下收益：

· 體驗野外探險樂趣、領略大自然中各種各樣的挑戰與刺激。
· 學習到基本的野外探險技術和生存技巧。
· 認識自身潛能，增強自信心。
· 克服心理惰性，磨練戰勝困難的毅力。
· 調適身心狀態，樂觀面對工作與生活的挑戰。
· 認識群體的作用，增進對集體的參與意識和責任心。
· 改善人際關係，學習關心和更融洽地與他人合作。

十一、測試

測試是提問的另一種形式。測試就是通過提供一系列的問題要求學員回答，以檢查學員學習的情況和行為的變化等有用的回饋資訊。測試更多是以書面的形式出現。

測試的常用類型包括：知識點測試、心理測試和技能測試。

⑴適用範圍

瞭解、評估受訓員工的基本情況、接受能力等，可在培訓前或培訓中穿插進行。

⑵詳細內容

測試主要有以下 3 個方面的內容：

①知識點測試

知識點測試是圍繞著課程相關的內容，檢查學員對知識點的掌握情況。它通常包括案例分析、簡答、判斷選擇等形式。

②心理測試

心理測試包括：人格測試，氣質測試，智力測試，興趣測試等。它無法檢驗一個學員的學習情況。但是通過心理測試，培訓師可以更全面地瞭解他的學員，瞭解他的各方面的能力、興趣愛好等，以便有針對性地改變培訓內容和方法。

③技能測試

技能測試也就是操作考核，例如在培訓技術工人某項操作機器的技能後，讓工人到現場實際操作，檢查培訓是否達到了效果。

⑶分析

在培訓過程中，經常使用測試是很有必要的，特別是有一定難度的內容。在培訓前對學員進行測試，能加深對學員的瞭解，並根據測試發現問題，適當地調整培訓的細節；在培訓後使用測試，則具有評估培訓效果的作用。

但測試要有明確的評分標準，並將這些評分標準告知學員，測試後最好能給予點評。

必須讓學員明確測試的目的，並讓其知曉測試結果會產生什麼影響，例如如果測試得 90 分者能得到獎勵等。這樣能使學員更認真地對待測試。

十二、小組競賽

小組競賽就是根據一定的標準和制度，在學員之間開展競賽，最後評選出表現優秀的團體，並予以獎勵。

這種培訓法可以激勵學員學習的熱情，提高參與的積極性，增強其不甘落後的壓力感和奮發向上的競爭心，並有利於學員鞏固授課內容，加深對授課內容的理解，最終提高培訓的效果。

此種培訓方法類似於一種富有創意和實效的教學理論——小組合作學習。

⑴適用範圍

此種方法能有效激勵個人和團體，並培養學員的學習能力、溝通能力和協調能力。目前多數管理類培訓或銷售類培訓經常採用此種培訓方法。另外一些知識類較強的培訓同樣適合採用此種培訓方法。

⑵操作步驟

①準備階段

· 將所有學員進行分組，並調整小組成員；

· 準備小組競賽的內容。例如，每個小組採用一份討論題或競賽題，或者保證每個組員都有一份討論題或競賽題；

· 制訂評比條件和小組競賽的規則；

· 選定評委小組。評委可在學員中產生，但要保證公正。一般的做法是在每個小組中各抽取一位代表組成評委小組；

· 準備獎品。

②實施階段

· 小組競賽之前，培訓師對即將進行的小組競賽活動進行說明：概述競賽的內容以及宣佈小組競賽的規則；

· 在開始競爭後，各小組成員按照小組競賽的規則進行競賽，培訓師密切關注競賽活動的進程，掌握方向；

· 規定時限一到，每小組可按抽取的順序派代表登台講述其小組的討論結果，或展示、說明其小組的成果(可不按抽取順序的方式進行，而採取不規定完成時限，按小組完成的優先順序的方式進行，並對最先完成的小組給予獎勵，對最後完成的小組給予處罰)；

· 宣佈結果，對優勝者給予獎勵。總結評比競爭參與者的表現和成功經驗：

· 小組評委依據評價標準進行裁判，評價孰優孰劣；

· 培訓師宣佈結果，對優勝小組頒發獎品，並總結優勝者出色的表現和成功的經驗。

⑶分析

在培訓過程中採用小組競賽的方法，對提高學員參與的積極性，加深對授課內容的理解，和增強培訓效果是非常有效的。但此種培訓方法也有其局限性：相對比較浪費時間，效率不高，如果過多過濫則會影響學員對新知識的吸納；同時，對培訓師的授課水準也難以充分體現。因此，在實施這種培訓方法時，需注意：

①使用小組競賽的培訓方法的前提是培訓師之前已經對相關內容進行過講解

如果在傳授知識類培訓課程中採用小組競賽的培訓方法，首先要採用課堂講授式的培訓法，只有在學員對相關知識比較熟悉的基礎上，再使用小組競賽的培訓方法，才能取得有效的成果。

②競賽小組必須具有可比性

在調整組員時，不僅要使每一小組成員人數、男女比例相當，還要注意保持小組之間實力的均衡。不要把能力較強的學員集中到一個或者兩個小組中，使其他小組成員的能力相對較弱，這樣會打擊其他小組成員參與競賽的積極性。

③評比標準要明確

評價標準不能秉承「雙重標準」，例如對於競賽的討論題、競賽題的標準答案或最優方案要保持唯一性，如果不能保證唯一性，小組評委將難以評判孰優孰劣。

④確保評判結果的公正

培訓師事前必須與評委做好溝通，並作出明確的規定：評委必須依據同樣的評價標準進行裁判，對不符合評價標準的評判結果，將會採取淘汰措施。

⑤培訓師必須密切控制競賽活動的進行

小組競賽法的應用，要求培訓師具有相當強的控場能力，始終關注競賽活動的進行，並引導整個培訓活動按照競賽規則進行，而不至於出現混亂失控的局面。

十三、假想構成

假想構成法是讓人們先對事物及其特性作出假想，然後通過假想提出新方案的方法。

此方法是由美國麻省理工學院教授丁阿諾德創立的，是幫助人們衝破習慣性思考，擺脫舊的思維定勢，開拓創新設想，尋找解決問題的方法。

⑴適用範圍

假想構成法適用於提高員工的創造力，同時也可作為開發新產品和預測技術發展的手段。

目前，此方法已被許多公司應用於人才的培訓中。

⑵操作步驟

①準備階段

確定課題(如改善某一產品)。

確定會議室、時間、參加人員(不超過 10 人，人員應包括員工、專家等各個層次的職工)

②實施階段

由參與者列舉課題的性質(如產品的功能、優缺點等等)。

以列舉出的性質為目標，有針對性的提出假想(如對原料、優缺點提出假想)。列舉性質可以是課題的希望點，也可以是缺點。

③列舉希望點

不同階層的員工對同一目標總是有不同的希望，因此可以通過搜索和收集不同階層人們的希望(例如對某產品的期望)，把這些希望點作為假想的雛形或基礎。

④列舉缺點

將事物的缺點一一列舉出來，選擇重要而容易攻破的缺點作為假想的雛形或基礎，進行分析研究。

列舉選擇可行的假想，可以從經濟性、時間性、實用性等方面進行可行性研究，選擇可行性的假想。

⑶分析

假想構成法是一種用「推測」的手段，進行假想的方法。有點類似於英語中的「虛擬語態」，它是思考一種不可能發生的事如果真的發生了，會導致怎樣的結果的思維過程。例如：假設世界上沒有任何錢幣，假如世界上沒有太陽光……然後在這個假想條件下，探索解決問題的對策。

要注意的是，提出的假想不能不著邊際，應當充分結合自己所需解決的問題來設計假想，特別是在企業培訓中，這種假想必須有目的性、針對性。

在實施這一培訓方法時，還應注意的幾個問題：

①參加者應該是對課題有充分瞭解的有關人員；

②指導員要鼓勵參加者對假想實施存在的可能性充分發揮想像力；

③為了使假想得到實現，就必須充分搜集有關假想實施的各種技術與工程情報。

課題：未來的汽車控制儀器是怎樣的？

運用假想構成法的步驟：

1. 提出有針對性的假想：

(1)將來，汽車控制的錶盤會越來越多和越來越複雜，到那個時代，比現在更多的儀器將安裝在控制板上，駕駛員僅僅依靠視覺會應接不暇，有可能還會失去控制能力。

(2)將來，隨著電訊器材工業自動化的發展，電子零件可能大幅度降低成本。

2. 探索解決問題的對策：

根據上述兩個假想，可以找出相應的對策：

(1)考慮設計聲音和振動等視覺以外的指示方法來代替。

(2)從競爭上考慮，電子零件降低了成本，所以要不失時機地使市場上現有的商品電子化。

十四、腦力激盪法

腦力激盪法又稱智力激勵法、BS 法，是由美國創造學家 A.F.奧斯本於 1939 年首次提出的，是一種創造能力的集體訓練法。它通過把一個組的全體成員都組織在一起，讓與會者自由地交換想法或點子，以此激發與會者提出大量新觀念，創造性地解決問題。

腦力激盪法可分為直接腦力激盪法(通常簡稱為腦力激盪法)和質疑腦力激盪法(也稱反腦力激盪法)。後者是對前者提出的設想、方案逐一質疑，分析其現實可行性的方法。

⑴適用範圍

此方法適用於員工激勵、思維創新的培訓，培訓對象可根據需要從各階層人員中選擇適合的人選。

⑵操作步驟

①準備階段

所要準備的內容有：

· 選定基本議題：根據各企業的需要確定，如給產品命名、創造新產品等。
· 選定參加者(一般不超過 10 名)，挑選 1 名記錄員。
· 確定會議時間和場所。
· 準備用於記錄的工具。如白板筆、夾紙器、大紙張、筆等。
· 佈置會場，安排座位，以「凹」字形為佳。

②實施階段

在會議開始時，指導員(即會議主持人)向參加者介紹方法大意及應注意的問題，然後由與會人員發表看法。

記錄員記錄參加者所激發出的靈感。

③跟進階段

後繼工作包括：將會議記錄整理、分類後展示給參加者，從效果和可行性兩個方面評價各種方案，最終選擇最合適的方案。應盡可能採用會議中激發出來的方案。

⑶分析

要有效地開展腦力激盪會議，必須有以下條件做保證：

· 一個舒適而無干擾的場地；
· 一個熱誠而又有激勵與統籌技巧的主持人；

· 參與者人數不多於 8 人；

· 討論過程有記錄；

· 給予時間限制，讓參與者感受壓力；

· 激勵學員間的資訊交流與辯論，鼓勵良性競爭；

· 討論結束之後禁止參與者批評任何意見；

· 討論之後，鼓勵學員選出最佳意見並進行比較。

在南非約翰內斯堡有一家專門生產精密機床零件的小製造廠，有一次，該廠的總經理伊安·麥克唐納接到了一筆很大的訂貨，但是這批貨要求的交貨日期卻很短，車間根本無法臨時改變生產計劃來製造這批貨物。

麥克唐納感到左右為難，於是他召集員工召開一次「腦力激盪」會議，向眾人解釋面臨的情況，並告知員工如果放棄訂單，對工廠來說將是個巨大的損失。他向員工提出了一系列的問題：

「我們還有什麼別的辦法處理這筆訂貨嗎？」

「誰能想出其他的生產辦法來完成這筆訂貨？」

「有沒有辦法調整我們的工作時間或人力配備，以便生產這批貨物？」

員工的積極性被激起起來，七嘴八舌地提出了許多想法。結果，這批貨不僅被接受下來，而且還做到了按期交貨。

在群體決策中，由於群體成員心理上相互作用的影響，個人會容易屈服於權威或大多數人的意見，形成所謂的「群體思維」。但是群體思維削弱了群體的批判精神和創造力，也影響決策質量。

而運用「腦力激盪法」就可以克服個人的從眾心理，保證群體決策的創造性，提高決策質量。腦力激盪法適合任何人參與，可以幫助團體對舊問題提出新的解決方法，也能最大限度地鼓勵學員發表其意見。

但是腦力激盪也有其局限，例如：所得的部份意見可能一文不值。有時學員可能因拘泥於舊有的觀念，不願踴躍發言，需要主持人不斷地激起他們的積極性。

十五、六帽思考法

這種培訓方法為人們提供了「平行思維」的工具，給人們建立了一個思考的框架，在這個框架下按照特定的流程進行思考，可以極大地提高企業與個人的效能，降低會議成本、提高創造力，解決深層次的溝通問題。

此方法由英國著名心理、醫學博士愛德華· 德· 波諾開發，是一個可以提高團體、個人決策和建設性思考質量的思維訓練法。

⑴適用範圍

適用於參與決策過程的人員，以及那些有意於提高自身思維質量的人員。

⑵具體內容

「六帽思考法」的核心，就在於代表六種不同思維的「六頂帽子」的運用。這六頂神奇的帽子是：

①白色思考帽

白色是中立而客觀的，代表著事實和資訊。

②紅色思考帽

紅色是情感的色彩，代表感覺、直覺和預感。

③黃色思考帽

黃色寓意樂觀，代表與邏輯相符的正面觀點。

④黑色思考帽

黑色是陰沈的顏色，它意味著警示。

⑤綠色思考帽

綠色是春天來到時，爭奇鬥豔的美妙色彩，代表創意。

⑥藍色思考帽

藍色是天空的顏色，籠罩四野，代表著控制事物的整個過程。

在需要解決問題或是做出決策時，可以運用六帽思考法來思考：首先集中分析資訊(白帽)、利益(黃帽)、情感(紅帽)、創造(青帽)以及風險(黑帽)等。然後，按照不同的次序和不同的重視程度衡量其重要性。

如同彩色印表機一樣，現將各種顏色(問題)分解成基本色(元素)，然後將每種基本的色彩集合在同一張紙上，最終將到對事物全方位的「彩色」思維。

⑶分析

六頂思考帽思考法將人們思維的不同方面進行了拆解，取代了一次性解決所有問題的做法。

它具有建設性、設計性、計劃性和創造性四大特點。它能使會議更加集中、高效，幫助人們從全新和不尋常的角度看待問題；可以創造一種動態、積極的環境來爭取人們的參與；可以幫助人們在解決問題時發現不為人注意的、有效的和創新的解決方法。

組織成員可用六帽思考法以全新的思想來舉行每一次會議、每一次討論和每一項決策。

麥當勞速食在日本得到迅速發展，其成功的部份原因在於公司對員工培訓的重視。「六頂思考帽」思維方法是公司眾多成功的培訓方法之一。

2000 年 1 月，麥當勞公司內部進行「六項思考帽」思維培訓，對所有董事會成員進行課程介紹。「六項思考帽」被定為內部公共課程，自願報名參加，第一年計劃讓 120 名員工參加課程學習，而結果人數大大超過預定計劃。在最初 10 個月的「六項思考帽」講座中，700～800 名員工參加了課程。到 2001 年 2 月，全部員工都參加了該項培訓。

通過參加「六項思考帽」思考培訓，公司開會時間縮短 25%；由於通過減少黑帽思考的比例，工作場所內員工工作更加積極；由於每個員工都採用多種思維方式，彼此的交流明顯增多了。

十六、現場感受性訓練

所謂 SCT——現場感受性訓練法，通常是指將受訓人員組織成訓練小組，稱為「T 組」，每組指定 1～2 名指導員，然後將訓練小組「隔離」到一個遠離工作場所的環境中，集中住宿至少一個星期以上，訓練中的全部活動均由受訓人員自行管理。

每個接受訓練的學習人員都必須履行「T 組」的義務，同時在小組中還享有充分的發展空間。受訓人員每天進行問題討論或事例研究，研討的方式、具體的議題及可以由小組成員自行決定，學習的素材定為「發生在小組中的所有的事情」。

SCT 將幫助學員提高人際關係和社會的感受性，提高學員們適應各種突發事件的應對能力。通過訓練，學員們實際體驗自己與集體的相互關係，相互作用，懂得了如何感受他人的真實情感和思想，真正領會了與人溝通的方式，完成了從單獨的個人到團隊一員的轉換，同時還在討論中受到其他人員的啟發而得以激發潛在的創造力。

⑴適用範圍

在一般企業的訓練計劃中，SCT 多被用於以組織發展為目的的訓練課程，或用於提升某些特定階層或地位的人士的人際關係技法，或用於以海外特派員為對象的異國文化訓練，還用於以中青年管理人員為對象的人格塑造訓練，及以新晉人員為對象的集體組織訓練等。

⑵操作步驟

①準備階段

· 與學員所在的組織溝通，請組織給予支援與協助；

· 確定訓練場地，安排訓練時間；

· 制定訓練計劃，安排具體的訓練日程。

②實施階段

· 將所有受訓人員分組，每組約 10～15 人。

· 指定指導員；

· 培訓師根據訓練計劃，安排具體的訓練日程；

· 實施追蹤訓練，進行追蹤指導。

⑶分析

在實施 SCT 的過程中，必須注意以下幾點：

①培訓師在準備工作階段，務必與學員所在的組織進行溝通：體驗學習人際關係的原理性雖然有助於經營目的及管理方式的改善，但卻無法產生立竿見影的效果，所以不應操之過急。培訓只有與學員的組織進行充分溝通後，才能取得組織的支援與協助，訓練才能順利進行，並取得成效；

②在訓練中，培訓師應積極促進學員嚴格遵守人際間相互尊重的基本原則；

③必須將受訓小組「隔離」到一個遠離工作場所的環境中，創

造「文化孤島」的氣氛，以引發學員參與集體的需求。並以此為契機，激發起人際間的共鳴感；

④小組成員應從各部門抽調，以從未相識者為佳；

⑤由於各主辦單位不同，SCT 的流程及實施方法可有所不同。各主辦單位可根據需要，選擇適合自己的 SCT 流程及實施方法；

⑥ SCT 體現了體驗性原理，通過概念化的體驗過程從而達到訓練的目的，這一點必須嚴格遵守。

十七、KJ法

KJ 法是日本東京工大教授川喜多二郎在多年的野外考察中總結出的一套用科學發現的方法，於 1964 年首次提出，KJ 是他英文名字的縮寫。

KJ 是一種為了找出工作中諸多問題的本質，大量收集有關問題的資訊，按照「相互接近視為一類」的原則將這些資訊逐一加以卡片化、圖解化，或寫成文章，藉以找出規律，開發創造力，以把握問題實質，找出解決問題的一種方法。

⑴適用範圍

此方法適用於員工思維創新培訓，各階層員工、領導均適合此種培訓方法。

⑵操作步驟

①準備階段

· 確定培訓場所、培訓時間、受訓人員；

· 選定議題；

· 準備好黑板/白板、粉筆/油性筆(紅、藍、黑、綠、黃等)、卡片、大白紙、文具；

・ 培訓師熟悉使用本方法的一切常識及細節問題・

②實施階段

・ 培訓師首先向學員介紹使用本方法的大意及實施概要，然後公佈議題。

・ 運用腦力激盪法進行討論。

請學員提出設想，將每一條設想依次寫到黑板/白板上。

・ 製作卡片

培訓師與學員進行討論，將提出的設想概括成 2～3 行的短句，寫到卡片上。每人寫一套。這些卡片稱為「基礎卡片」。

・ 進行學員分組

將所有的學員分成幾組，每組 5～8 個人。

・ 各組分別製作「小組標題卡」

讓每一組的學員各自對卡片進行分組，把內容在某點上相同的卡片歸在一起，並加一個適當的標題，用綠色筆寫在一張卡片上，稱為「小組標題卡」。不能歸類的卡片，每張自成一組。

・ 製作「中組標題卡」

將每個人所寫的小組標題卡和自成一組的卡片都放在一起。經組員共同討論，將內容相似的小組卡片歸在一起，再給一個適當的標題，用黃色筆寫在一張卡片上，稱為「中組標題卡」。不能歸類的自成一組。

・ 製作「大組標題卡」

經過討論，再把中組標題卡和自成一組的卡片中內容相似的歸納成大組，加一個適當的標題，用紅色筆寫在一張卡片上，稱為「大組標題卡」。

· 編排卡片

將所有分門別類的卡片，以其隸屬關係，按適當的空間位置貼到事先準備好的大紙上，並用線條把彼此有聯繫的連結起來。如編排後發現不了有何聯繫，可以重新分組和排列，直到找到聯繫。

· 確定方案

將卡片分類後，就能分別地暗示出解決問題的方案或顯示出最佳設想。經討論或由培訓師評判確定方案或最佳設想。

⑶分析

KJ 法的主要特點是在比較分類的基礎上由綜合求創新。在收集和整理的過程中可以培養重視零碎細小情報的習慣，還可以培養對問題進行系統思考的能力，能提高分析和綜合問題的能力。

但在實施這種培訓方法時，培訓師必須注意以下要點：

①使用腦力激盪法討論時，仍應注意使用腦力激盪法時應注意的問題；

②內容相同/相似的卡片應歸納成一個系統，但要注意如果超過二十張，應視其內容再進行細分，細分為二至三個小系統，而且每一個系統以不超過五六張卡片為佳；

③在進行分類時，我們始終強調不屬於任何一個系統的卡片，每張自成一組，不要把其隨便塞到任何一個系統中；

④在挑選卡片時，無須組員做深入的思考、分析，憑感覺做決定就可以了；

⑤進行卡片分類時，應注意小組壟斷現象，避免由一 個人說了算。為防止類似情況出現，不妨採取這樣的方式：每一個小組成員都持有數量相似的卡片，輪流讀出其內容，發現意思相近的卡片，小組成員協商是否進行歸類。

日本某公司通信科科長偶爾直接或間接地聽到科員對通信工作中的一些問題發牢騷，他就想要聽取科員的意見和要求，但因輪調班的人員多，工作繁忙，不大可能召開座談會，因此，該科長決定用 KJ 法找到科員不滿的方案。

第一步，他注意聽科員間的談話，並把有關工作中問題的隻言片語分別記到卡片上，每張卡片記一條。例如：

· 有時沒有電報用紙；

· 有時未交接遺留工作；

· 應將電傳機換個地方；

· 接收機的聲音嘈雜；

· 查找資料太麻煩；

· 改變一下夜班值班人員的組合如何；

· 打字機台的滑動不良。

第二步，將這些卡片中同類內容的卡片編成組。例如：

· 其他公司有的已經給接收機安上了罩；

· 因為接收機的聲音嘈雜，所以應將電傳機換個地方；

· 有人捂著一個耳朵打電話。

上面的卡片組暗示要求本公司「給接收機安上罩」。從下面的卡片組中可以瞭解到要求制定更簡單明瞭的交接班方法。

· 在某號收納盒內尚有未處理的收報稿；

· 將加急發報稿誤作普通報稿紙處理；

· 接班時自以為清楚，可過後又糊塗了，為了做出處理，有時還得打電話再次詢問。

第三步，將各組卡片暗示出來的對策加以歸納集中，就能進一步抓住更潛在的關鍵性問題。

例如，因為每個季節業務高峰的時間、區域都不一樣，所以需要修改輪調班制度，或者是根據季節業務高峰的時間、區域改變交接班時間，或者是考慮電車客流量高峰的時間確定交接班時間。

科長擬定了一系列具體措施，又進一步徵求了樂於改進的科員的意見。再次做了修改之後，最後提出具體改進措施加以試行，結果科員們皆大歡喜。

十八、TCA

TCA 是 Translational Capability Analysis 的縮寫，意即溝通能力分析訓練法。它原來是由美國精神分析醫師艾立克本開發出來的小集團心理治療法。

所謂溝通能力分析訓練法，是一種以體驗學習為基礎，通過體驗來達到自我認識及他人認知，以提高個人人格素質的方法。

⑴適用範圍

溝通能力分析訓練法的適用範圍非常廣泛，凡是和團隊合作，溝通相關人員間的人際關係訓練，管理層的幹部訓練，以及開發業務範圍、拓展業務和銷售訓練的均適用該法。

⑵操作步驟

①準備階段

- 確定培訓場所、培訓時間；
- 選擇受訓人員。人數應控制在 10～15 名；
- 培訓師熟悉訓練內容。例如沒有接受過心理學專業知識學習和技能訓練的，需要進一步接受心理學的專業知識學習和技能訓練。

②實施階段

· 組織受訓人員進行相互認識活動，以打破隔膜，增進瞭解；
· 培訓師講解 TCA 分析法，幫助學員掌握自我瞭解的模型、溝通人際關係的基本模型；
· 進行分組，以 2 人，或 3～5 人為一小組進行 TCA 區別交談；
· 每一位受訓人員向其他人說明自我狀態；
· 培訓師進行點評分析，並進一步擔任個人心理治療或諮詢顧問，為個別學員提供個人心理治療和諮詢。

⑶分析

溝通能力分析法盛行於員工教育，在提高員工人格素質方面取得了顯著的效果。但在具體的操作過程中，必須注意以下三點：

①人數控制

受訓人員總數無特別限制，但因為溝通能力分析法是一種小集團的心理治療法，故人數應控制在 10～15 名為宜。

另外，在進行分組時，每一小組人數不應超過 5 人，以利於培訓師的觀察、指導。

②時間控制

進行溝通能力分析法的時間應控制在一個小時左右，其中還應包括培訓師的講解時間和學員的演練時間。

③培訓師的自我控制

溝通能力訓練法是在個人的自主性和自律性的基礎上進行的，故培訓師不應過度介入或干預學員的演練，否則將影響學員的真實自我表現，妨礙學員個人自主性和自律性的確立。

十九、辯論法

將受訓人員分成意見對立的兩組，在限定時間內，針對某一命題進行討論。由主席根據兩組成員的立論、材料、辭令、風度、應變技巧以及主觀印象等標準進行點評。

此方法可讓受訓人在針鋒相對的討論中增強其洞察力、分析力和說服力。

⑴適用範圍

適用於員工溝通能力、分析能力和團隊協作能力的培訓。

⑵操作步驟

①準備階段

· 挑選辯題、參與人員，包括正方和反方小組成員、評委和主席，給予受訓人員準備時間；

· 正反方小組成員根據辯題，商議研究確立一個最有利於本方論證的具體的總論點，並設計相應的戰略戰術。

②實施階段

實施步驟包括：

· 由主席宣佈辯題，介紹雙方的觀點；

· 由正方發表觀點；

· 由反方發表觀點；

· 雙方就對方的論點提出反駁，進行自由辯論；

· 反方總結；

· 正方總結；

· 主席評說雙方的觀點及表現。

⑶分析

辯論可以說是對受訓者綜合素質的考驗和鍛鍊。通過辯論培訓，可以提高受訓者學習能力、溝通協調、邏輯思辨、語言組織能力、隨機應變能力、臨場發揮能力、團體合作精神和儀表儀態。

運用辯論法時需要注意以下幾點：

①論辯側重人們的論辯技巧，而不是個人的觀點和主張。比賽雙方應通過駁倒對方，爭取評委的裁決和聽眾的反響來擊敗對方，而不是說服對方或被對方說服。

②論辯的題目、流程、發言時間等，都是由論辯賽的組織者所決定，參賽者必須按規定進行論辯，不能隨意改變。

③為辯論賽所擬定的辯題要是「中性」的，不要涉及個人、利益、敏感性或是政治性的問題。

④辯論成員最好由不同風格、不同性格特點、不同性別、不同職位的人組成，彼此的新鮮感可以激發相互溝通的慾望，有助於從多角度、多層面去分析討論，使整個團隊達到最佳競技狀態。

⑤一個合格的辯論會主席是辯論培訓成功的關鍵點，主席必須對辯題有較深的認識，頭腦靈活、反應敏捷、客觀公正，有較強的溝通能力和控場能力。

⑥論辯時只能針對對方的觀點和理由進行攻擊，而不能攻擊對方的立場和人品。

二十、演練法

演練就是指兩個以上的人經過簡短的排練之後，通過模仿較為簡單或典型的現實情境，以固定的對話或進行具有幽默感或諷刺意味的表演，來喚起學員對某種特殊議題的重視和興趣。

這樣做給學員提供了一定的機會嘗試或熟練所學的或業已生疏的知識或技能。通過演練，從不同的角度對某一特殊問題進行描述，以此來塑造學員的語言或行為模式。

⑴適用範圍

演練主要適用於管理中凸現的某種特殊情況，適用於學員在學習完某種知識或技能之後，用此法來測試和增強學員的學習成效，並能給學員提供提高和熟練有關知識和技能的機會。

⑵操作步驟

要搞好演練必須做到以下幾點：

①準備好場地、舞台、服裝、基本道具等，使所有的學員都能清楚地看到表演；

②定好主題，撰寫好台詞，挑選好演員；演練前給予學員詳細的說明、指示和要求，演練的項目應具有挑戰性並能兼顧學員的興趣；

③要安排預演，且演出前要向觀眾說明主題；

④演出後要進行討論與總結，檢討演出的得失，盡可能提供回饋，以便於學員作及時適當的調整。

⑶分析

演練必須事先安排和設計有十分明確而系統的流程，有明確的、既定的培訓目的。

演練能吸引學員積極參與，製造學習高潮，激發學員的學習興趣，使學員具有置身其中的感覺，容易吸引學員投入。演練可提高學員的自我學習能力，有助於激發學員的學習興趣和學習動力，能夠很好地將理論與實際相結合。

但演練需要找到好的演員，需要耗費相當長的時間和相當長的精力進行籌劃與排練，而且所傳達的資訊層面也較窄。事先需要良好的策劃與試驗，如果練習過程需要輔導或協助，學員人數就不宜太多。

以下介紹一個實際運用演練的例子：

首先，給出劇本。給學員演示處理某一情景或問題的正確行為方法和方式，如正確處理員工投訴或抱怨。

然後，進行演練。讓每一個人在模仿情境中練習使用劇本中提到的正確行為方式和方法，並觀察和體會這種行為方式和方法所帶來的結果。

在演練進行的過程中，應適當給予受訓者表揚、建設性的意見和建議。進行現場意見的回饋有助於加強學員的學習效果。

最後，總結發言，並鼓勵學員回到工作崗位後應用學到的正確的管理方式和技巧。

二十一、敏感性訓練

敏感性訓練就是通過團隊活動、觀察、討論、自我坦白等流程，使學員面對自己的心理障礙，並重新建構健全的心理狀態。

(1)適用範圍

敏感性訓練主要用於為學員提供自我表白與解析的機會，瞭解團隊形成與運作的情況等，適用於管理人員的人際關係與溝通訓練。

(2)操作步驟

要組織好敏感性訓練，就必須按照以下的流程進行：

①準備舒適的場地，以免給學員形成任何的心理壓力；

②培訓師需事先說明訓練的流程、規則與目的；

③培訓師先交付所有學員共同參與並完成一項任務；

④任務結束後，以一學員為中心，其他學員則依序將任務中所見、所聽、所聞與所想像與該學員有關的個人言行與如何影響他人等做成報告的形式，並由目標學員詳細說明、坦白為何產生如此言行；

⑤輪流指定目標學員重覆上一步驟，直至所有學員均參與為止；

⑥由培訓師作最後的評價、總結，並鼓勵、讚許學員面對自我的勇氣。

⑶分析

敏感性訓練通過讓學員在培訓活動中的親身體驗，來提高他們處理人際關係的能力。通過該訓練可明顯提高人際關係與溝通的能力，但其效果在很大程度上依賴於培訓師的水準。

敏感性訓練的優點在於使學員能夠重新認識自己、構建自己；它的不足之處在於所需的時間較長，有造成學員心理傷害的可能與危險，且需要一名受過專業訓練的培訓師與數名有一定基礎知識的助手。如果學員不願洩露內心深處的秘密，則更會影響整個流程與效果。

第 7 章

培訓師的身體語言

培訓師的現場感染力，是影響培訓效果、決定學員是否認同培訓師的一個重要因素。

那麼學員對什麼樣的培訓師最具有現場感染力呢？據調查，學員的回答不一，例如：著裝大方，行為舉止得體，講授時充滿自信與熱情，語氣誠懇，音調抑揚頓挫分明，吐字發音清晰完整，語意表達準確鮮明，表現從容沉著，有問必答，容易溝通，專注，尊重學員，善於傾聽，思維敏捷，幽默等等。

一、培訓師的聲音魅力

一個培訓師發出的聲音能否吸引住學員，這與培訓師的現場感染力非常有關係。當培訓師開始講授時，他所發出的每一個聲音首先應該給學員留下良好的印象，力求讓學員更好地聆聽培訓師講授的內容，更加充分地展示自己的授課風格與專業素質。

有人說：一個人聲音是天生的，好聽不好聽都已經是注定的了。其實，一個人的聲音並不是一成不變的，可以通過改善說話的語音、語調、語速，使我們的聲音聽起來更加動聽。

1. 語音

語音包括吐字和音質。所謂吐字，就是咬字要清晰。講課時，要特別注意每個字都說清楚，不要為了速度，而把話說得不清不楚。另外，發音準確純正也很重要。應該使用學員普遍接受的語言，例如普通話。

相信幾乎所有的人都喜歡響亮悅耳的音質。但一個人的音質大多是先天性的，很難改變。那麼是不是音質沙啞的人說話就不能吸引人了呢？當然不是，雖然音質不能改變，但可以利用音量、速度、節奏的變化來吸引學員的注意力。

2. 語調

語調，就是你說話的音量大小，高低。

一般來說，在公眾場合說話的聲音要比平時講話大，因為要保證離你最遠的人都聽到你的話。說話時要保持聲音的自然，不要扯著嗓子說話，那樣你的聲音會變得和鞭炮聲一樣刺耳。如果房間太大，可以使用麥克風。

講話的音量不是一成不變的，會經常性地高低起伏。謂語一般說得比主語要重一些，句子的附加成分，即定語、狀語、補語，在說的時候也要使用重音。某些想特意強調，希望讓學員重視的內容，也應適當地提高音量。例如你想說：「這一節的內容是——如何有效的溝通」，「有效溝通」這幾個字如果特意使用重音的話，就能引起學員注意。

3. 語速

語速就是說話的節奏，即語言的快慢緩急，即在相同時間內所說的音節(字數)的多少。所以在講課時的節奏應該比平時講話快，但要把握分寸，要做到「慢而不拖，快而不亂」。還要根據現場的情況和內容的變化來調整速度，例如遇到特別強調的、嚴肅的內容，難點、資料、人名、地名等就要適當減速。

「停頓」是節奏的特殊處理。停頓分三種情況：語法停頓、邏輯停頓和心理停頓。前二種是因為語法或邏輯結構的需要，如：句與句之間，段落之間的間歇。心理停頓在講課中起的作用最大。強調重點，或給予聽眾回味和思考的機會，都可以適當的停頓。停頓也能具備提醒的作用，例如當課堂秩序不好時，培訓師採取停止說話的方式，可以引起學員的注意。

如果培訓師無法做到以上幾點，但至少以下兩點不容忽視：

⑴使你的聲音積極起來

無論如何，培訓師的聲音必須聽起來是很積極而且充滿活力的，因為這樣可以感染學員，使學員積極地參與到培訓當中。如果聲音聽起來懶洋洋而且無力，恐怕你的學員也是越聽越困，一點精神也提不起來。當然，培訓師的聲音聽起來是否積極而且充滿活力，追根究底取決於培訓師的心態是否積極，當用積極的心態去面對每一個學員時，你將會驚喜地發現學員的情緒很容易被你激起來。

⑵不要用鼻音說話

當你用鼻腔說話時，發出的聲音讓學員聽起來非常不舒服。那什麼是鼻音呢？我們經常聽到的「姆……哼……嗯……」發音，這就是鼻音。如果一個培訓師授課不到五分鐘，卻使用了近一百次的「嗯」，即使內容再精彩也會為之遜色。所以說，為使自己的聲音更具感染力，從現在開始就別再使用鼻音。

二、培訓師的語言表達能力

法國一位著名的悲劇大師應邀出訪美國，在歡迎宴會上，大家紛紛要求他來段即席表演，為了不負衆望，他就用法文非常悲痛地講述起來，雖然大家聽不懂法文，但只覺得聲音淒婉動人，撕心裂肺，全場一片肅然，許多老太太都忍不住掉下淚來。講完後，全場一片悲聲，惟獨法國來的隨行人員卻哈哈大笑。

旁人問，這麼淒慘怎能笑得出？隨行人員回答說：「你們被他騙了，他沒說什麼淒慘的故事，只是在用非常悲痛的聲音念著：刀子、盤子、叉子、碟子……

聽衆雖然聽不懂演講的內容，但是卻被演講者的聲音感染了，可見，在一場演講中，聲音的運用和處理佔有很重要的作用。如果我們要學好演講，就必須把握好聲音的音速、音調和音色，就必須練好聲音的「輕、重、緩、急、抑、揚、頓、挫」這八個字。

1. 輕

在演講中，一般表現平靜、回憶、悲傷、緬懷的感情，多讀輕一些。

例如，有一段回憶上大學前夜的演講：

在上大學的頭一天晚上，媽把我叫到面前坐下。她一面為我補著衣服，一面對我說：「孩子，你明天就要上大學了！你終於丟掉鋤頭把，你終於走出了這個山窩窩，媽總算盼到這一天了！」說著說著，媽竟哭起來了，我也哭起來了！

這段話就講得特別地輕，把那種回憶、感傷的情境表現出來了，聽衆的情感也自然被帶進來。

2.重

在演講中，一般表現緊張、急劇、斥責、憤怒的感情，多讀重一些。

要知道，重音在演講表達中是一張「王牌」，恰當準確地運用重音，對於增強語言的表達效果十分重要。

重音，一般分語句重音和感情重音，語句重音，一般不太重，只不過是在原來詞的音量上稍稍加重而已。但是，同樣一句話，重音落的位置不同，這句話的意思也會不同。例如：

①請你把窗戶打開。(是請你而不是別人)

②請你把窗戶打開。(是開窗戶，而不是開門)

③請你把窗戶打開。(是打開，而不是關上)

感情重音，是為了表達強烈的感情，對那些表達感情起決定作用的詞語、句子，甚至整個段落，相應地加重音量。感情重音可使語言色彩更加豐富，情感更加飽滿，感染更加強烈。例如：

「這是三千萬塊錢，你拿去吧！」

聽衆聽起來，就感覺到三萬塊錢還比三千萬塊錢還多的感覺，這就是感情重音產生的效果。

3.緩

在演講中，一般敍述平靜、嚴肅、回憶的場面，表現悲傷、沉痛、緬懷的感情，多讀得慢一些。

例如，講述一個母親的故事，就講得非常慢：

在一個偏僻的小山村裏，住著一戶相依為命的孤兒寡母，母親靠撿破爛把兒子養大成人。兒子長大離開了家，把老母親一個人扔在那個茅草房裏。有一天，兒子突然回到家，母親看到久別回家的兒子愁眉苦臉，就問兒子：「孩子，你在外面還好嗎？有什麼難處說給媽聽，看媽能幫你嗎？」

兒子望了望母親，痛苦地說：「媽，我的媳婦得了種怪病。她馬上就要死了，醫生說，如果找到一個人的心臟，讓她配藥吃，就能活命。媽媽，我該怎麼辦？」

母親聽到兒子訴說，明白兒子的意思，悄悄來到廚房，拿起菜刀就把自己血淋淋的心臟取下來，捧在手上，送給孩子說：「孩子，你就把媽的心，拿給你媳婦吃吧！」

兒子拿到媽的那個滾燙的血淋淋的心，急忙送給媳婦吃。不料，被門檻絆倒在地，那個被摔出很遠的媽媽的心，在說：「孩子，你摔疼了嗎？你快爬起來趕路，你的媳婦在等你！」

這個故事，在最後一段，就要講得特別地慢，而且輕，把那種悲傷、淒慘的氣氛，渲染得淋漓盡致。

4. 急

在演講中，一般敍述緊張、急劇、斥責、歡快的情節時，多讀得快一些。例如，下面這段文字就要讀得快些：

突然，辦公桌上的電話響起了十分急促的鈴聲，一個戴近視眼鏡的直銷員，一把抓起聽筒：「喂，那裏？」

「長途電話！我們這裏有六十一個人食物中毒，急需一千隻『二硫基丙醇』，越快越好，越快越好！」聽筒裏的聲音十分響亮而焦急。

「我們立刻準備藥品！」怕對方聽不清楚，他幾乎喊起來，「我們馬上設法把藥品發過去！」

「不行！我們兩地相距一千多里，而且要翻山越嶺，交通不便，時間來不及了，請馬上設法空運……空運！」

在演講中，要做到該輕的輕，該重的重；該緩的緩，該急的急，輕重緩急，變化使用，才會使一場演講的音調有節奏感，鏗鏘有力，聽起來感到舒服。

5. 抑

在演講中，一般表現低沉、哀傷、回憶、憂愁的情感，多用壓抑的聲調。

例如，講患哮喘病的一個故事：

三歲那年，我不幸患了哮喘病。有一天晚上，我的哮喘病突然發作，四肢抽搐，臉如紫色，只有出的氣，沒有入的氣，十分危險。已是深夜了，村裏又沒有醫生。母親看我不行，把我背起來就走出門，借著暗淡的月光，足足走了十里山路，來到鎮上一個醫院。母親敲開醫生的門，求醫生趕緊搶救孩子。可醫生堅持要交清住院費才搶救。當時，因家裏貧窮，沒有足夠的錢，母親只好向醫生下跪：「醫生，救救孩子！醫生，救救孩子！」醫生仍沒有動身，「我一定會想辦法交清醫藥費的，醫生，快救救孩子！」這時，醫生才勉強答應搶救。

一個月下來，我逃過了死神這一關，卻欠下了醫院一大筆醫藥費。後來，是我母親用雙手幫助醫院做飯，為醫生洗衣服才還清了欠下的醫藥費。所以，沒有母親，就沒有我；沒有母親，就沒有我的今天！

6. 揚

……到那個時候，我們一個個賺錢了，我們一個個成功了，我們大家相約，一塊到馬來西亞去走走，去領略一下馬來西亞的海濱風光。到那一天，我們徜徉在沙灘上，沐浴著習習的海風，耳邊響起海鴨子「嘎嘎」的叫聲，眼睛看著一望無際的大海，這時，我們的心情是多麼的舒暢，多麼的愜意。到那一天，我們來到一棵高高的椰子樹底下，圍坐一圈，我們帶很多很多啤酒，喝它個一醉方休！

到那個時候，我們還要到歐洲去看看，到法國去看看，去領略艾菲爾鐵塔的雄偉和高大。到那一天，我們大家攀上高高的艾菲爾鐵塔，我們大聲吶喊：「我們成功了！」這時，叫鐵塔下的外國佬，望著我們目瞪口呆，問我們：「哈羅！你們是日本人？韓國人？泰國人？」我們回答他們：「NO，NO，NO，我們是台灣人！」

這段演講，通過高揚的聲調，把成功後的喜悅、興奮以及揚眉吐氣的心情，表現得淋漓盡致，使聽衆的思緒也會帶到這夢一般的境界中來。

7. 頓

在演講中，一般表現換氣、重點、語法等，多用停頓。

在演講中，為了突出某一重點，或者重要內容，一般都要在此之前，作一短暫的停頓。

例如，林肯總統在每次演講時，想把一個重要的意思，深深印到聽衆的心裏，他就把高高的身體向前略傾，兩眼盯住聽衆，一言不發，幾秒鐘過後，突然把一個重要的內容強而有力地吐出來，讓短暫的沉靜和突然的一聲巨響有機配合，使得演講有聲有色，會場氣氛也得到了合理的調節。

8. 挫

在演講中，有時為了強調，突出某一點，使音調突然降低，挫它一下。

例如，這句話：「這兒的風景太美了！」這「太美了」三個字，就突然降低音調，聽衆聽後，真的感覺到風景很美。

又例如，這句話：「黑夜，下著傾盆大雨。突然，一道閃電，撕開夜幕……」這個動詞「撕」，就採用「挫」的音調，使聽眾聽了，真的感受到閃電一樣。

在一場演講中，要做到該抑的抑，該揚的揚，該頓的頓，該挫的挫，抑揚頓挫，穿插使用，這樣，演講就能做到感情充沛，以情動人。

在演講時，成功地運用各種語氣，掌握培訓會場中學員的心態情緒，就可以進一步走向成功。

三、培訓師的眼神

培訓師與學員的眼神交流，是尊重學員的存在、時時向學員表達你關注他的技巧，也是培訓師及時發現課程問題的核心技巧。

要講好一個故事，眼神交流至關重要。如果你重覆一個你熟知的自己或是別人的經歷，眼神交流能幫上大忙。你要在講課時，一直「掃視」整個會場的每一個人，讓他們感覺身在其中。

有句話叫「好面容不如好表情」，意思是說，有些人看上去長得很漂亮，五官端正，但就是不覺得她可愛；有些人，儘管長得不怎麼漂亮，但是，你會覺得她特別可愛，其原因就在於表情上。

如果有人天天拉長著臉，好像別人欠了他許多錢，我們見到這樣的人的表情，自己的心情就不會舒暢；如果你天天帶著微笑，給人輕鬆愉快的感覺，則更能拉近你與別人的距離。

我們要特別注意自己的表情。其實，表情是可以調整你的五官位置的。長相，是父母給的，除非整容，我們不能改變它，但是，笑容和生動的表情是可以訓練的。有些人為什麼耐看，有個很重要的因素就是他們的表情經過特別的訓練。培訓師職業的要求就是要用更豐富的表情和更多的微笑，把輕鬆愉快的情緒帶給學員。

對於表情來說，眼神的運用至關重要的作用。培訓師的眼神在培訓中起的作用有時比語言、動作更為重要。經常練習下面三種方法，可以訓練出一雙炯炯有神且靈活自如的眼睛來，為培訓課程增色。在訓練中要注意結合感情表現，進行眼神訓練，因為「眼之所至，情隨之；情之所至，心隨之；心之所至，手隨之；手之所至，腿隨之」。眼神有定視法、轉視法、掃視法等幾種。

定視法是眼睛盯著一個目標看，又分正定法和斜定法兩種。正定法：在前方 2～3 米遠的明亮處選一個點，點的高度與眼睛或眉基本齊平，最好找一個不太顯眼的標記，進行定眼訓練。眼睛要自然睜大，但眼輪匝肌不宜收得太緊。雙眼正視前方目標上的標記，目光要集中，不然就會散神。注視一定時間後可以雙眼微閉休息，再猛然睜開眼，立刻盯住目標，進行反覆練習。

斜定法：要求與正定法相同，只是所視目標與視者眼睛成 25° 斜角，訓練要領同正定法。

轉視法是眼珠在眼眶裏上、下、左、右來回轉動，包括定向轉、慢轉、快轉、左轉、右轉等。

定向轉眼的訓練有以下各項：

眼球由正前方開始，先移到左眼角，再回到正前方，然後再移到右眼角。

眼球由正前方開始，由左移到右，由右移到左。

眼球由正前方開始，移到上(不許抬眉)，回到前。移到右，回到前。移到下，回到前。移到左，回到前。

眼球由正前方開始，由上、右、下、左做順時針轉動，每個角度都要定住，眼球轉的路線要到位，然後再做逆時針轉動。

慢轉：眼球按同一方向順序慢轉，在每個位置、角度上都不要停留，要連續轉。

快轉：方向同慢轉，不同的是速度加快。

左轉：眼球由正前方開始，由上向左按順序快速轉一圈後，眼球立即定在正前方。

右轉：同左轉，方向相反。

以上訓練開始時，1 拍 1 次，1 拍 2 次，逐漸加快。但不要操之過急，正反都要練。

掃視法：眼睛像掃把一樣，視線經過路線上的東西要全部看清。

慢掃眼：在離自己 2～3 米處，放一張畫或其他物品。頭不動，眼瞼抬起，由左向右，做放射狀緩緩橫掃，再由右向左，4 拍 1 次，進行練習。視線掃過所有東西，儘量一次全部看清。眼球轉到兩邊位置時，眼神一定要定住。逐漸擴大掃視長度，兩邊可增加視斜 25°，頭可隨眼轉動，但要平視。

快掃眼：要求同慢掃眼，但速度加快，由 2 拍到位，加快至 1 拍到位，兩邊定住眼神。

初練時，眼睛稍有酸痛感，這些都是練習過程中的正常現象，其間可閉目休息兩三分鐘。等眼睛肌肉適應了，這些現象也就消失了。

很多培訓師在課程中過於投入，忽略了學員的感受，與學員沒有眼神交流，嚴重降低了課程品質。

1. 眼神交流讓學員注意力高度集中

優秀的培訓師脖子像搖頭扇一樣靈活，說的是課程中培訓師需要環顧四週，持續關注課堂的每個角落。一個 200 人的課堂，經驗豐富的培訓師會每分鐘全場掃視一次，一旦發現某人出現了精神倦怠，通常會對那個人進行與課程內容有關的提問。

就我個人而言，一個 200 人的教室，我會從心裏將 200 人分成 10 個學習區。課程中的提問、走動、學員互動、拿學員舉例等，我都會以這 10 個學習區為單位。只有這樣，才能保證一天 8 小時課程中，完全沒有一個人走神。

培訓師的眼神和表情，是最無法教授的技巧，也是高水準培訓師的秘密武器。

高水準培訓師與專業知識強但是沒有授課藝術的培訓師，也許就相差在這點點滴滴看似不經意卻於細微處有成效的技巧上。這樣的技巧更適合向教練學習，書本上能學習到的不多。培訓師在課程中也應偶爾停頓片刻，關注一下自己的這些細節。

2.時刻關注學員神情與坐姿變化

課程中學員睡覺、聊天、走神等非課程正常元素的產生，都是培訓師不關注學員感受、未能激發學員正面感受造成的。很多培訓師過分投入於課程內容，不懂得用「七分專注，三分關注」的區分法授課，對課堂上發生的事情沒有準確的預判。

七分專注，三分關注，是指培訓師在授課時，將 70%的注意力用在課程內容的思考與發展上，留出 30%的精力來關注學員感受、調整技巧、保證學員在課程中百分之百處於自己的掌控之中。

七分專注，對於原本非常熟悉的課程，課前再做一些備課，培訓師在課程中即便不動腦筋也都能順勢完成。那麼，課程中把 70%精力和專注度用在內容銜接、語言藝術、互動技巧展現、走位、提問等，對於培訓師而言，是很容易的事情。

三分關注，培訓師要時時刻刻關注學員坐姿是不是自己計劃的和能接受的，是否出現課程沉悶或者部份人精神倦怠，是否有學員注意力不集中，是否出現學員瞌睡先兆等，一旦發現這些非計劃內因素，就要及時調整，用種種技巧掌控課堂局面。

四、培訓師的著裝

從服飾上怎樣展現你的風範呢？服飾代表的是一種態度，當學員看到培訓師衣著打扮的時候，就馬上會想到培訓師對待這一職業的態度，對待這課的態度。

一般來說，如果是第一次與學員見面，穿著打扮得體的培訓師的受歡迎程度要比穿著隨意的培訓師高 20%。如果培訓師的衣著不得體，學員一看就會質疑：這老師行嗎？因為他穿得太不像一個培訓師了，更像在休閒度週末。作為培訓師，我們為什麼要讓學員一開始就質疑自己呢？為什麼不能衣著得體呢？

對於培訓師來說，最標準的服飾應該是什麼樣的？一般來說，培訓師還是以西服套裝為標準服飾，這不僅是對別人的尊重，而且是自身的淵博知識和權威專業的象徵。

對年輕的培訓師來說，沒有任何一種服裝能比西裝更有權威性。培訓資歷比較淺的，就更應該注意穿著打扮。當然，西裝還需要選擇與搭配。一般來說，深顏色的西裝會更有權威性，其他顏色的權威性相對就要弱一些了。此外，在領帶、襯衫的搭配上也都是有講究的。

我們所列的只是幾種標準的搭配方式，當然隨著人們的喜好不同還會有很多種搭配。但記住一條，在非常正式的場合，如果穿西裝的話，一般都不會穿雜色的襯衫，而是穿純白色的襯衫。作為培訓師，我們可以稍微放開一點，可以穿一些淺顏色的，或者花色素雅的襯衫，但不能太隨意，太花哨。這是基本的要求。

在特殊的情況下，當然也會有另外的要求。例如，你做戶外拓展，還穿西裝的話，就會不倫不類了，穿迷彩服會更好。

對女性培訓師的服裝要求同樣也是穿著打扮要具有職業形象和職業氣質。一般來說，職業裝才能突顯女性培訓師的氣質。在課堂上，漂亮服飾和職業氣質相比，後者才是我們更注重的。所以，課堂上，女性培訓師也要穿職業套裙，要穿不露趾的鞋，而且一定要穿絲襪。這是女性培訓師穿戴的基本要求。

培訓是件苦差事，尤其是經過多天連續的培訓，培訓師會感到身心疲憊，但是，作為培訓師應該時刻提醒自己，必須身著正裝為學員服務。培訓師會從受訓者的表情、狀態、衣著等外部特徵得出對該人初步的印象，同樣，受訓者也是用同樣的標準和眼光看待培訓師的。因此，對培訓師而言，通過正式的著裝表現出職業素養和幹練的作風，是非常關鍵的。

1. 男性培訓師的基本著裝建議

- 衣服的選擇應以得體、大方、簡潔為主要原則，建議穿西裝；
- 不要穿有太多裝飾物的衣服；
- 儘量選用冷色調衣服，如藍色、灰色、黑色等，這些衣服可以使培訓師顯得穩重、成熟；
- 不僅是衣服的款式，衣服的面料也很重要，最好選用純毛質地的衣服；
- 要注意襯衫、領帶與西服外套的顏色搭配；
- 襯衫的袖子要比外衣長 1/4 英寸；
- 要儘量避免繫豔俗的領帶；
- 不可染髮、燙髮；精心梳理好頭髮；
- 避免使用刺激性強的香水；
- 儘量不要佩戴首飾。

· 皮鞋、襪子顏色要講究顏色搭配，儘量選擇同色的襪子；皮鞋要擦拭乾淨；

2. 女性培訓師的基本著裝建議

· 不能穿過於暴露的衣服和奇裝異服，建議著套裙或其他職業裝；
· 切忌穿超短裙；
· 化妝要保守，不應使用鮮豔的口紅或指甲油；
· 切忌在腳指甲上塗鮮豔的指甲油；
· 儘量少佩戴珠寶首飾，以免分散學員注意力；
· 髮型要保守；
· 不可使用刺鼻的香水。
· 可以穿平底鞋；

五、培訓師的培訓內容措辭

言語是整個培訓中對提升培訓師感染力影響最小的部份，這點想必許多培訓師很難接受。因為，從培訓課程開發那一刻起，培訓師們就已經在為正式授課時如何準確措辭而大傷腦筋了。但無論如何，清晰正確地傳達自己的理念，對一個培訓師來說，是一個很大的挑戰，而這必將影響學員對培訓師講授內容的接受度如何。

一些語言訓練專家的觀察表明，一個注重恰當選用詞語的人，將能增強其語言的感染力，更好地體現其職業形象。恰當的言語措辭至少應該囊括以下幾個要素：自信、專業、準確、簡潔。

1. 自信

雖然我們自古以來就是以謙虛自稱，但必須知道自信與謙虛不同，兩者具有的效果更不一樣。

醫生如果對病人說了謙虛話，結果會怎樣呢？那肯定是病人無法信任醫生了。因為病人聽完醫生的謙虛話後，並不認為醫生只是謙虛才說這番話的，而是醫術不夠高明，沒有信心成功完成這個手術才會這樣說的。

同樣的道理，如果培訓師一上台就對學員說道：「很對不起，如果我講得不好，希望大家多提批評的意見。」學員一聽，就會感覺這位培訓師是不可信的，不禁在心裏嘀咕：「既然你對自己講授的內容都沒把握，幹嘛還拿出來講，那不是浪費我們的時間嗎？」

為了保持自信，培訓師應避免使用「可能」、「也許」、「大概」、「估計」「某某」、「某類」等不肯定的辭彙。將一些消極、否定、模糊的辭彙換成肯定、積極的辭彙。

2.專業

作為一名培訓師，專業知識無疑是很重要的，因為學員正是希望從培訓師的身上學習到某一方面的專業知識，如果培訓師在學員的面前喪失了這種專業性，是無法贏得學員的尊重與信任的。

當然，這種專業性是可以通過我們的言語措辭來體現的。但我們必須明確的一點是，為提高專業性並不代表非得用晦澀難懂的言辭來表達，但也不是說我們不得用技術性的專業辭彙。如果涉及某些專業課程，我們是有必要使用一些專業辭彙的，例如：「目標管理」「市場細分」「組織扁平化」「應收賬款管理」等等，否則學員會懷疑培訓師的專業能力，但我們必須確保學員可以瞭解，否則我們有必要進一步解釋。

如何才能提高我們的專業性？一方面需要我們不斷去積累自己的專業知識，不要讓學員給考住了；另一方面正如我們所說的，要注意在言語措辭上要自信，用肯定的語氣。

從講話的方式上，邏輯性強的語句也更易建立專家的形象。例如，學員提問：「如何制定一個有效的目標？」你必須條理清晰地回答：「制定目標必須符合 SMART 原則，S 代表……M 代表……A 代表……R 代表……T 代表……」通過這樣有理有據地逐點分析，你的專業能力也會增強。

3.準確

培訓師授課時使用的語言，一定要確切、清晰地表達自己想要表達的意思。只有準確的語言才具有科學性，才會被學員所接受，並達到宣傳、教育、影響學員的目的。

為保證語言的準確性，培訓師在平時就必須做個「有心人」，注意積累豐富的辭彙量。要知道，辭彙的貧乏，往往會導致培訓師的語言枯燥無味，甚至詞不達意。要想使講授的語言準確、恰當，培訓師必須大量掌握辭彙。為了準確表達自己的意思，就需要在大量的、豐富的辭彙裏，篩選出最能反映這一事物、概念的詞語來。

4.簡潔

一方面指語言簡潔。在不影響學員對內容理解的前提下，盡可能用更簡練的話來表達。要知道，冗長的語言讓人生煩。

另一方面指在授課過程中儘量不要一打開話腔就無法止住，避免談一些與課程無關的內容，不要將課程的要點都掩蓋在這無關緊要的內容之中。

5.提示

如果你在課堂上不斷說：「嗯，啊……怎麼說呢，就是說……」你猜學員的感覺是怎麼樣呢？他們會覺得很難受，甚至恨不得立刻離開課堂。這類表達對提升培訓師的感染力方面沒有多大的意義，反而讓人不知所云，同時也影響到培訓師在學員心目中的專業程度。因此，在授課時應去掉這些不必要的表述：

「我想」——說明你所闡述的內容不足以令人信服。

「怎麼說呢」——不知道如何表達，思維混亂。

「如果你知道我的意思」——為什麼不直截了當地告訴學員你想表達的意思，學員不喜歡與你玩打啞謎的遊戲。

「如果你不相信這一點」——如果你認為學員不相信你所說的，你就應該改用更有說服力的語言。

「我真正想說的是」——學員就會懷疑：那你之前所說的，難道不算數嗎？你到底有沒有仔細考慮清楚？是不是還沒有仔細思考好你想要說的話就直接說出來了。

列出你在談話中經常反覆使用的無用之詞，時時提醒自己今後忌用。

六、培訓師的身姿

講課有很多種姿態，你可以站著講，也可以坐著講，還可以走著講。這幾種方式都可以，沒有特別的規定。但是，這些身姿怎麼運用才算合適呢？一般有以下情況：

當大家在自由討論的時候，例如，學員自我發言，交流感想，你最好要坐下來，給大家一種平等的感覺。如果你站在別人旁邊，等於是在告訴別人：我是老師。這會給人造成壓力。

在師生交流的時候，特別是有幾百人的時候，你就要從講台上走下來。不要站在台上講，最好在過道裏和大家交流。誰提問，你就走到誰的跟前去。

此時注意，走下來的速度不要太快。太快了，會給人一種壓迫感。所以，要走得慢一些，要踱步。至於你走的路線，最好走倒 T 字線，因為一般情況下，教室後面會有一個過道，中間會有一條過道，前面有一條過道，如果你走後面的正 T 字線的時候，大家都會扭過頭去看你，所以一般情況下不要走到後面的橫向通道上。

那站姿到底應該是什麼樣子的？兩腳平放在地上，重心自然地保持均衡。既不是我們傳統的立正，也不是稍息。同時，坐姿也一定要規範，最好是雙腳平落在地上，不要把手放在桌子下面，要放在上面。有的培訓師很不講究，尤其是坐在講台上的時候，如果前面沒有擋板，你會看到他們坐在那裏蹺著二郎腿搖晃，給人很不雅的感覺。

心得欄 ------------------------------------

培訓師的授課技巧

技巧一：營造舒適的學習氣氛

舒適的學習氣氛既包括培訓硬體環境，如教室空間、培訓設施，也包括軟體環境，如學員能夠在精神上放鬆、舒適、敢於表達自己的觀點等。形成有利學習的氣氛是很重要的，研究表明群體學習時學員會有從衆傾向，氣氛決定培訓能否順利進行，同時還決定著課堂中將發生的是「良性事件」還是「惡性事件」。

表 8-1　營造舒適的學習氣氛

教室環境	室內環境是我們考慮的首要因素，因為對環境的舒適度有重要影響。室內環境包括教室的空間大小、通風狀況、光線狀況、隔音效果及活動空間。 如果是 20 人的學習小組，70~80 平方米的教室的空間是合適的。如果大於 100 平方米，則培訓師需要擴音器補充自己的音量，而且不容易凝聚學員的注意力，因為大空間會使注意力分散。相反，小於 50 平方米的教室則會顯得局促，學員活動不方便，不容易產生氣氛。 如果要在室內進行較多的遊戲活動，可以根據需要適當擴大教室空間。

續表

<table>
<tr><td>教室環境</td><td>而如果要進行談判類的工作需要一個大教室附帶衆多小型討論教室時，則更要小心安排，否則各個討論小組間會互相影響，降低培訓效果。
一個教室光線太暗，會使學員看不到白板或海報紙上的字，也會引起視覺疲勞。但是光線太強，則會影響投影片的放映效果。因此一個教室的燈光亮度應可以自由調節。如果是依賴自然光的教室，最好是窗戶上同時掛有強遮光性的窗簾和有透光性的紗簾。
通風是另一個決定教室質量的問題，是自然通風還是冷氣機通風，能不能夠調節溫度，如果太熱，通風不暢，會使學員大腦缺氧，昏昏欲睡。
噪音會直接影響學員聽講，分散學員注意力，嚴重時還會導致課程中斷。因此在選擇教室的時候要考慮牆壁是否足夠隔音，相鄰的兩個培訓教室會不會相互影響？</td></tr>
<tr><td>座位形式</td><td>一般說來，有 4 種座位安排形式：課桌式、U 型、小組討論式和圓桌會議式。
課桌式適用於學員人數較多，課程內容互動要求較低、以培訓師為中心、學員之間交流要求較低的狀況。
U 型適用於學員人數較少，課程內容互動要求中等，培訓師講授和學員之間交流要求中等的狀況。
小組討論式適用於學員人數中等，課程內容互動要求高，培訓師引導為主，學員之間的討論和交流要求高的狀況。
圓桌會議式顧名思義就是適合於會議場合，參與人員地位平等，資訊交流為主。</td></tr>
<tr><td>器材配備</td><td>根據課程需要，培訓師檢查教室是否配備課程所需要的所有器材包括音響、投影設備、擴音器、白板及白板筆、海報架及海報紙、貼紙、膠泥等，並確認這些器材處於良好狀態。</td></tr>
<tr><td colspan="2">軟體環境：
維護課堂活動基本原則和公共守則；瞭解課程期望；稱呼學員名字；用「我們」；而不是「你們」；運用破冰的技巧；關注學員行為；鼓勵而非批評。</td></tr>
<tr><td>維護課堂活動基本原則和公共守則</td><td>建立了課堂活動的基本原則和公共守則之後，培訓師要提倡所有學員身體力行，不斷的維護，使這些原則和守則真正發揮作用。</td></tr>
<tr><td>瞭解課程期望</td><td>瞭解學員對此次課程的期望。雖然培訓師在授課之前都做過或者已經瞭解了學員的培訓需求，但如果在課程開始之前花 15 分鐘左右的時間瞭解每一個學員對此次課程的期望，會有助於建立一個有利學習的氣氛。</td></tr>
</table>

續表

瞭解課程期望	利用這一步驟，培訓師還可以促使學員自動完成想法上的轉變：即由被動參加培訓變成主動要求改變，培訓師變成了真正的培訓需求的滿足者。 最後，培訓師要把從學員處瞭解到的課程期望要點記錄下來，寫在海報紙上，以指導以後的授課。課程結束時，培訓師和學員還可以把課程期望拿出來做比較和評估，看看那些期望被實現了，那些沒有完全被實現，有什麼彌補措施。
稱呼學員名字	稱呼學員名字能快速拉近與學員之間的距離，可能培訓師無法一下子記住所有人的名字。 將名字寫在桌牌上能有效地解決這個問題。
用「我們」而不是「你們」	使用「讓我們來看看這樣做的後果是什麼」的措辭比「你們看看這樣做的後果是什麼」更能營造平等舒適的氣氛。
運用破冰的技巧	運用「破冰」的技巧，在課程開始後的幾分鐘讓所有人快速熟悉起來，例如互相介紹自己的姓名、職業和愛好，也可以採用遊戲的方式。
關注學員行為	向學員傳遞一些資訊，你對他們的語言、行為、感受都十分重視。你希望做任何有助於他們放鬆和愉快學習的事情。要做到這一點，培訓師要時刻保持積極的聆聽，注意學員說話的弦外之音。如果他們透露出不愉快、緊張、不信任或者冷漠，培訓師就需要運用主動改善的技巧修正這種局面。如果培訓師注意到學員有坐立不安、躲避目光接觸或走進走出的行為，也要弄清楚原因，並採取彌補措施。培訓師和學員的在和諧的學習環境中是互動的關係，培訓師要隨時根據學員的反應調整自己的授課方式甚至部份內容，而不是不管學員反應只一味地進行下去。當然，要做到這一點，培訓師要盡可能的與學員保持目光接觸。
鼓勵而非批評	不要忘記，成年人都是十分要「面子」的，他們任何時候都不希望難堪。培訓師在整個授課過程中不應該對錯誤實施懲罰，而應該對那些做正確的行為進行表揚。學員自動會和他人比較，並意識到自己的錯誤和差異，主動改進。

技巧二：用熱情感染現場

熱情是人的言談、感情和舉止態度的綜合表現之一。它是人們互相團結的紐帶，更是培訓成功的必備條件。能夠獲得受訓者最大讚揚的莫過於熱情，人們對於熱情無不報以歡迎的態度。

培訓師的熱情到了心潮澎湃的程度，聽眾也就易於激動起來。培訓師本人持有的冷淡如在零度，那麼聽眾的情緒就在零度以下了。

由於熱情的存在，聽眾往往不再留心培訓師的瑕疵或次要的錯誤。儘管你的語言不是很動聽，舉止也缺乏機智，演示沒有章法，語句也還犯有文法上的毛病，知識也顯得不豐富，但話是從內心裏發出來的，並且帶著與其相一致的熱情，無論如何都會贏得聽眾的同情和讚譽。

熱情會使一切相宜的神態油然而生。真正的熱情從來都是自然的，但「過分」的熱情會使人生疑。把握住熱情的分寸，不僅是講課的要領，更為演示所必需。熱情不可少，熱情是評價演示好壞的一個重要標誌。

就整個演示而論，是不能單憑表情動作和姿勢來「論質定價」的。總的來說，上述這些對演示成敗的影響，雖然都是屬於次要的，但絕不可忽視。要知道，培訓師的外在表現是能夠被觀眾直接捕捉的。

那些對人類有著巨大貢獻的人物，他們在演示時的神態之所以能被雕塑下來，矗立在莊重的地方，讓人們永遠瞻仰，就是因為他們協調而又莊重的神情和姿態，能被當時的人們直接目睹。不但如此，而且還能被人們將其藏在心裏，造成不可磨滅的印象。

就憑這不可磨滅的印象，雕塑家通過雕刀再將其重現於人間；藝術家通過藝術手腕，將其再現於文藝舞台；文學家和畫家們，運用筆墨和顏料，將其描繪在文獻書頁裏，繪製在畫卷上，永藏在圖書館和博物院裏。

技巧三：激發培訓學員的興趣

興趣是指對某種事物的積極的認識傾向與情緒狀態。人們都說，興趣是最好的老師。從教育學上來說，如果一個人對某樣知識沒有興趣，那麼無論你怎麼逼他去學，他也不會學得好；相反，如果一個人對某樣知識有興趣，即使你不讓他去學，他也會自己主動去尋找這方面的資訊。因此，我們認為興趣可以充分激發人的積極性與創造性，促進人們掌握知識、發展智力，並見諸行動。在演示當中，作為培訓師，需要充分激起聽衆對演示內容的興趣，這也是演示取得成功的重要技巧之一。

為什麼參與同一次培訓，有的學員吸收的知識、技能特別多，受益匪淺；有的學員吸收的知識、技能較少，培訓前後進步並不大；也有的學員幾乎沒掌握培訓師所講授的知識、技能，一無所獲。差別如此之大，原因何在呢？這主要與學員的學習願望與注意力有關。

在培訓過程中，聽衆至少有 10%的時間在觀察培訓師本身以及週圍環境，至少有 70%的時間在想自己的事情。所以，由於種種原因，學員的注意力不會長久集中，熱情也不會永遠高漲。如果培訓師希望學員認真地學習，積極地參與，那就必須設法激勵他們積極參與到培訓當中來，並且使他們集中注意力。

激勵學員的學習願望，使學員集中注意力，幫助學員提高培訓收益是培訓師們不可推卸的責任，同時也將保證培訓的順利進行以及獲得良好的效果。學員的學習願望越強烈，培訓師就越容易開展培訓工作；如果學員的學習願望沒有被培訓師激發出來，那麼他們的學習和聽講將是被動的，同時也有可能被視為浪費時間。

鑑於以上原因，每個培訓師都必須掌握激勵學員的技巧。那麼如何激勵學員去聽去學呢？

1. 自我激勵

要想感動他人，必須首先感動自己；要激勵他人，首先你也要激勵自己。

培訓是培訓師與學員之間的溝通，培訓師的態度會通過你的表情、語言、動作完全表現出來。如果你採取熱情的態度，你的學員也會產生「心理共鳴」，以更多的熱情和注意力去學習。

在講課之前，請你激勵自己：「我喜歡的學員，我將盡力地把最好的給他們。」並在講課中一直保持這種熱情。

有一次，卡耐基所主辦的某一屆演說班，請保險公司的一位業務代表人演說。

當他開始演說時，他站了起來。一開始，聽眾並沒有被他吸引，因為他的身材矮小，貌不驚人，說話也不甚流利，甚至還有些吃力地將字句表達出來，然而，漸漸地，聽衆都可以感受到他誠懇的目光和懇切的聲音之中，流露出來的一種動人的熱忱，所以聽衆也非常用心地傾聽了他的演講，並深深為他的誠意與熱情所感動，對他有著一種無法言喻的好感。

當面對學員時，培訓師就必須保持熱忱的態度，然而這不是口頭上隨便說說就可以做到的。作為一位培訓師，如果缺乏對培訓工作的熱愛，很難在工作當中保持熾熱的激情。只有熱愛這個職業，全身心地投入到培訓課堂當中去，才能以自己的激情去點燃學員的激情。

2.需求挖掘

學員學習願望的產生往往是基於某種需求的推動，因此，不妨假設：如果能夠瞭解學員的需求，在一定的程度上就能夠激勵學員的學習興趣，使他們更加投入到培訓當中去。

加拿大成人教育家布謝爾(R・W・Boshier)曾提出一個關於成人教育的「一致模式」:

個人參與學習的動機可分成兩類,即「成長動機」和「匱乏動機」。

「成長動機」就是尋求較高層次的平衡，以求自我實現，其動機來自個體內在。

「匱乏動機」就是為補足自身的不足而學習，以尋求平衡，這一動機因受社會和環境的壓力而產生。

為有效地激勵學員，培訓師必須進行學員培訓需求「挖掘」，並進行正確的分析，然後將授課內容與之結合起來，培訓師必須切切實實採取一定的對策並付諸行動。

培訓師在設計培訓課程時，要充分考慮學員的需求，注重內容的實踐性、可操性。

在培訓開始階段,應允許學員就學習的方向以及主題提出自己的課程期望。

當瞭解了對學習的方向以及具體主題的看法和意見後,你可能會發現，你的課程設計對學員的需求沒有很強的針對性，你就必須進行適當的調整，把學習內容同學員的需求「串」到一塊來。

在開始上課時，應先向學員說明培訓內容的梗概和重點，激發學員的學習興趣。

在授課的過程中應提供更多案例和成功的經驗,並加強教學雙方的互動性，讓學員在實踐和比較中學習。

培訓是為了學員，而不是為了培訓師。培訓師必須傳遞給學員必需的資訊。在正式講授之前，培訓師不妨問問自己：「如果我是學員，我為什麼要參加我的培訓呢？」當你提出這個問題後，你就會絞盡腦汁地去尋找答案，當你想到越多的答案時，你就越有把握激勵學員。

3. 獎勵刺激

在培訓當中，能夠給予學員一定的獎勵，能夠激發學員的學習願望。

獎勵必須物質獎勵與精神獎勵相結合，才更能發揮激勵的作用。

在成人培訓課程，物質獎勵的作用是有限的，激勵的時間也是持續比較短暫的，通常是學員獲得一份小禮品後，興奮感沒多久就消失了。所以說，成人培訓必須以精神鼓勵為主，物質獎勵為輔，才能獲得良好的激勵效果。

4. 壓力刺激

適當的壓力是動力，要激勵學員可以給予他們一定的壓力。

給予壓力的方法是，對學員進行提問和測試，並在課程當中多設計些練習給學員。

由於每個人都有表現自己和害怕犯錯的心理，當培訓師對學員進行提問和測試，或者要求學員完成練習時，學員會分外認真對待，從而激發他們的熱情，吸引他們的注意力。

在學員完成測試、練習或是提問後，培訓師給予一個好的回饋（可能測試結果並不一定令人滿意），例如感謝他們的配合，或是讚揚他們回答得好等，對於學員來說也是一種很好的激勵。

過高的緊張會產生負面作用。如果在培訓當中，給學員施加過多的壓力，過多的提問、測試、練習，讓學員應接不暇，學員感覺壓力過大，容易產生疲倦，心情就會煩躁不已，有種想逃離課堂的感覺。

一般來說，半天的培訓課程測試或者練習不宜多於三個，提問可以多一點，同時，還應安排其他的互動活動。

技巧四：授課演說的技巧

在任何一種形式的培訓課程中，至少 30%的時間是培訓師在說話。有時是講授理論、有時是闡述技巧、有時是給予回饋……無論那一種形式，都會用到授課演說技巧。授課演說技巧涉及到組織材料、講話時的音量和語調與肢體語言如手勢等的配合等技巧，還涉及到運用輔助視覺工具加強演說效果的技巧。

授課演說技巧主要包括以下 7 個方面：

1. 是「說」而不是「背」

是「說」而不是背誦。這是非常重要的一點。這兩者的差別是，前者是娓娓道來的，自然的，相似於日常說話的語速、聲調和音高；會根據學員的反應進行停頓、重覆、再解釋或更改表達方式，是以學員為中心的；後者是程序化的、以背誦人為中心的，按照某一種節奏無變化地將要背誦的內容講完。很明顯，背誦會讓學員覺得不自然，而且受到忽視，不利於建立互動的學習氣氛。

2. 步驟、條理清楚，承上啓下

一般講解的次序是先闡述基本概念或原理，然後說明具體內容和相關技巧，做練習或案例，最後要歸納總結。每一步驟之間都要說明他們的聯繫，承上啓下，思路清晰。

如果要從一個觀點轉換到另一個觀點，或者從一個講解段落到另一個講解段落，必須要使用承上啓下的過渡語，否則學員就可能無法清楚地瞭解培訓師的邏輯，思維混亂。

3. 措詞簡潔，注意專業辭彙

儘量使用日常用語和措辭，而不是書面用語，儘量不要使用那些容易引起誤解的、含義模糊的辭彙。根據你的聽衆，考慮如何處理演講中的專業詞語，如果聽衆中都是與演講內容相關的專業人員，那演講中有很多專業詞語可能不是問題，但如果情況相反，你就需要考慮如何讓聽衆聽明白。例如「大環內酯類抗菌藥物」還是說「消炎藥」，這就要考慮聽衆的需要而不是你的習慣。

4. 用生動化的方式表述

即使是必須表述枯燥的材料，也儘量讓表述的方式生動一點。如果必須要說明一系列複雜、枯燥的參數、公式，不要一直講個沒完，讓大家先閱讀，後討論，培訓師只解釋要點，這樣所收到的效果要比培訓師枯燥的講解好得多。

如果要說明抽象的概念，例如什麼叫管理，講一堆抽象的理論不如用一個比喻、故事，或者現實的例子更能吸引學員的注意力。

5. 音量充分、聲音飽滿

在培訓中，培訓師說話的音高僅僅能讓全體參與者聽到是不足夠的，要在此基礎上再稍高一些，但不需要用到最高音區，這樣才能讓聲音保持適度的激情。至於聲音飽滿，是說發音共鳴良好，你可以平時花一些時間做一些有助於打開人體發音所需的 3 個共鳴腔——鼻腔、胸腔和腹腔的練習。

6. 語調和手勢

語調要生動而富有變化，手勢要自然而得體，這一切主要是為了準確地傳達演示的內容，同時還能夠準確地傳達你的感情和偏好。語調、重音和手勢所體現的傳達效果，幾乎與要傳達的內容同樣重要。如果培訓師自始至終只用一種聲音和語調說話，沒有停頓和重音的變化，會讓學員提不起勁來，昏昏欲睡。

7.配合視覺輔助工具

運用視覺輔助工具，如投影片、簡報紙、白板等讓你的講解更生動。以下重點談談投影片和海報紙的使用。

先說投影片，製作投影片時，注意以下要點：

・用 2/3 的空間，不要太滿

・投影片應該有標題和正文(圖片例外)

・一行不要超過 15 字，一張投影片不超過 7 行

・字體和背景的顏色要有明顯差別

放映投影片時，注意以下要點：

・用鐳射筆而不是用手在螢幕上指點

・身體不要擋住投射的光線

・不要從正放映著的投影前經過

・更換投影片時注意承上啓下的技巧

使用海報紙時，注意以下要點：

・用大字體和記號筆

・標明要點而不是內容細則

・不要用紅色記號筆寫字

・用記事貼做標註

・側身寫字演示

技巧五：與培訓學員的互動技巧

由於成年人喜歡參與培訓，並且只有參與了培訓才會更有利於學習，讓每個人都參與到課程中來是很重要的。可能有的人由於比較內

向或有顧慮，不會主動參與課程，要解決這個問題，培訓師除了預留讓學員參與的時間和做出專門的互動安排外，培訓師還需要掌握一些產生互動的技巧。

1. 運用多種培訓方法

培訓師不要採取單方面滔滔不絕、一講到底的授課方式，可以儘量採用多種培訓方法讓學員能夠有機會參與。

2. 提開放式問題

運用開放式問題讓學員給你更多的資訊。開放式問題通常以「什麼」,「怎麼樣」,「請談談」,「請解釋一下」等詞語來提問。

如:「你認為什麼叫做質量？」問完問題後儘量等待學員回答。如果你不知道等多長時間，提問後請在心中默數 10 下。倘若沒人有反應，就解釋一下問題或再問一次。

3. 指名提問

挑選一位有可能知道答案但一直沉默的學員來回答問題。為避免讓學員覺得不自在，請先叫名字，再提問或提要求。

4. 時刻對學員的參與進行肯定

要針對學員的參與和投入，而不是學員的回答進行肯定。肯定可以是言語的。如:「謝謝你的參與。」「你提出了很好的意見。」也可以是非言語的。如：微笑，點頭，豎大拇指，寫下他的觀點，走近學員等。

5. 建立溝通網路

讓學員之間相互交流，不要讓他們只局限於和你交流。如:「在接下來的幾分鐘時間裏，請問問你旁邊的學員，他們部門是怎樣應用這道工序的。」

6. 將問題扔回給學員

自己不回答學員的問題，讓學員開動腦筋，發揮他們的專長。例如：「你們看怎麼樣？你們說說我們應該用那種方式呢？」

技巧六：討論的技巧

討論，尤其是小組討論是常用的培訓手法之一。運用這種手法可以促進學員參與，促進學員之間的交流，加深學員對培訓師講授內容的理解。小組討論對於形成新的、有價值的觀點也很有幫助。但如果組織的不好，不但不會得到正面的效果，反而會讓學員遊離於課程之外。由此看出，組織討論也有專門的技巧。

1. 選擇適當的討論議題

最適合討論的問題往往具有三個特徵：

・答案具有不惟一性

・討論者具有相關知識

・議題有適度範圍，能激發新觀點的產生

合適的例子為：

・如何激勵老員工？

・怎樣可以提升員工的安全意識？

・那一種促銷方式最適合糖果的季節促銷？

不適合的例子為：

・誰被稱為現代管理之父？

・什麼是人力資源會計？

・怎樣提升培訓質量？

因為不適合的例子中第一個問題的答案是惟一的，討論與否答案差別不大。多數人則對第二個問題沒有相關概念，即使有，答案也是惟一的，因為這只是一個概念。第三個問題則過於寬泛，學員的答案可能太過廣泛而膚淺，無法總結。所以類似這樣的問題是不適合拿來討論的。

2. 小組人數

最理想的小組討論人數在 4 個人之內，如果超過 5 個人，甚至 6 個人以上，則容易出現「組中組」的現象，有的人參與的多，有的人則可能完全不參與。

3. 分配任務

為了避免出現討論小組內有人不參與的情況，一個有效的做法就是，指定或分配小組內每一個人員的任務或角色，如一人擔任組長，一人擔任記錄，一人擔任發表討論結果。這樣可以有效地促使所有學員參與。分配任務可以由培訓師指定，也可以讓每個小組選出組長後，由組長指定和分配小組成員任務。

4. 說明討論持續的時間

培訓師說明討論時間，是 5 分鐘，還是 20 分鐘，以便討論小組計劃討論程序。

5. 控制討論過程

討論開始之後，培訓師要在旁邊觀察小組的討論行為，鼓勵討論不積極的小組，制止妨礙討論的行為，如有必要，中斷討論進程。培訓師不應該在學員進行討論的時候離開教室或做自己的事。

6. 發表討論結果

討論結束後，培訓師要讓每個小組的學員發表自己小組的討論結果，不同的小組就討論結果交換看法，培訓師可以做以下詢問：

- 那一個小組的討論結果出乎你的意料？

・其他小組的討論中你學到什麼有價值的觀點。

・那一組的討論結果最出色？

根據學員回饋，培訓師做出總結或點評。

技巧七：問問題的技巧

培訓師常常用問問題的方式檢查學員的理解，促進學員參與、強調重點、控制談話方向或尋求認同。因此，如何卓有成效的提問就成為培訓師必備的技巧之一。首先，問題往往按獲得資訊的多寡分為開放性問題和限制式問題；按照詢問的對象分為徵求式問題和指定式問題。

1. 開放式問題

以「如何」,「怎樣」,「什麼」,「為什麼」等開頭提問的問題叫開放式問題。開放式問題可以幫助培訓師獲得更多的資訊。例如：

・你為什麼覺得客戶投訴是一個非常複雜的過程？

・那些事情使你產生這種想法？

・有些什麼具體的事例說明這一點？

開放式問題在課程中主要用於：

・詳細瞭解學員某一觀點

・想獲得更多的資訊或找到問題根源

・鼓勵學員多參與或給予回饋

2. 限制式問題

以「是不是」,「這個還是那個」,「是否」等開頭提問的問題叫限制式問題。限制式問題主要用來確認學員的觀點。例如：

・你贊同李力的看法嗎？

・你是不是認為這樣做能夠緩解狀況？

・你認為小劉做的好還是小馬做的好？

限制式問題在課程中主要用於：

・控制談話方向

・確認瞭解學員某一觀點

・澄清意見

3. 徵求式問題

徵求式問題就是沒有具體要求那一位學員回答，希望全體學員或全體學員中的志願者主動回答的問題。例如：

・那一位知道顧客抱怨時想獲得什麼？

・溝通的重要影響因素是什麼呢？

・那一位志願者願意分享他對這個問題的想法？

徵求式問題在課堂中的運用：

徵求式提問方式用於瞭解或統一所有學員的意見。常常用於引導一場討論的開始和結束，開始時應用是為了引起大家注意、希望大家參與和檢查大家對問題的瞭解；結束時使用則是為了確保那些想發表意見的學員都已經有機會發言了。

4. 指定式問題

指定式問題就是明確要求那一位學員回答培訓師的問題。例如：

・陳先生，你認為那種類型的客戶是最難處理的？

・黃先生，我想聽聽你對這個問題的意見？

指定式問題在課堂中的運用：

指定式提問常常用於在課堂中進一步澄清疑問、鼓勵或限制某些學員參與，引導課堂氣氛和尋求觀點平衡。

有時候培訓師問的問題並不需要學員回答，只是為了提醒大家注意或語氣上的需要。但多數時候培訓師所問的問題是需要學員回答的，如果是需要學員回答的問題，務必遵守以下原則：

1. 不可以連續問 3 個問題

一次不可以連續問 3 個問題。你不能同時問：「你是怎麼想的？你為什麼沒有像王先生那樣想？你的想法現在有改變嗎？」如果你這樣問問題，學員就可能會很迷惑，因為他不知道該回答那一個問題。正確的方式是一個問題得到回答後，再問另外一個問題。

2. 問題必須簡短而容易回答

所有詢問的問題必須簡短而容易回答。不管你所談的命題是多麼大或多麼深刻，如果問一個字數很多很長的問題，學員可能會記不住問題的本身從而無法回答。

3. 問題必須清楚明瞭

所有詢問的問題必須清楚明瞭。問的問題如果有歧義，學員的回答就不可能明確。

例如：「你覺得這個問題怎麼樣？」這個問題就很難回答，因為不知道是這個問題的什麼方面怎麼樣？

4. 有技巧的使用以上四類問題

如何靈活使用開放式、限制式、徵求式和指定式問題需要根據不同的情景而定。這需要培訓師多練習。

5. 培訓師對學員回答作回應

培訓師必須對學員的回答作出回應。學員回答了問題之後，不論他回答的是否正確，培訓師都應該給予一個回應，這種回應可以是口頭的也可以用肢體語言表示，回應的目的是讓學員意識到你注意到了他的回答。

技巧八：回答問題的技巧

在一個培訓課程中，培訓師可能要回答數十個問題，一個有經驗的培訓師會利用回答問題這個特殊的時機，進一步激發學員興趣，促進學員參與。而一個沒有經驗的培訓師則很可能會受制於一些尷尬的、尖銳的、難以回答的問題。如何回答學員的問題，以下這些技巧和原則可能會有所幫助：

1. 注意主題

辨別學員的問題是否與課程主題相關，儘量不處理與培訓主題無關的問題，可以課後個別探討，以免課程離題或佔用其他學員的時間。

2. 注意進度時間

事先計劃好回答學員問題的時間，對學員的問題進行管理。不要讓學員的問題嚴重影響到你對課程的進度和時間的控制。

「大家有什麼問題可以儘管提出來」的提問邀請不如「每一個章節講完後，我都安排了１５分鐘的問題討論時間，到時候你們可以提出問題」來得更有效。

3. 請學員幫助你回答問題

運用這個技巧，你可以有效地促進學員參與，激發學員學習的積極性，還可以不必受困於一些尖銳和棘手的問題。可以通過類似下面的語言做到這一點：「郭明，對江浩的問題，你是怎麼想的？」或者：「誰願意就郭明的問題談談自己的看法？」

4. 反問學員

在回答問題之前，反問學員他自己的想法也是一個有效地促使學員主動學習的方式。你可以問：

「郭明，你自己是怎麼看待這個問題的呢？」然後，評論學員自身的回答或者引導其他學員進入討論。

5.用 PREP 方式回答問題

如果培訓師回答學員問題，一個完整的模式是運用 PREP 的方式。即說明觀點、陳述原因、舉一個例子、重覆觀點。這是一個很有說服力的表達觀點及回答問題的模式。

6.面對所有學員

當回答某位學員的問題，尤其是一個較長的問題時，在回答問題的過程中，培訓師應該面向所有的學員，並用「我想這個問題也是所有學員經常遇到的問題」開始，以免讓其他學員覺得受到了忽視而遊離於課堂之外。

7.誠懇開放

如果遇到了你自己不能回答，其他學員也無法做出貢獻的問題，坦率地告訴問問題的學員，商量解決方式，如以後再告訴他答案，或課後共同討論，而不要浪費大家的時間。

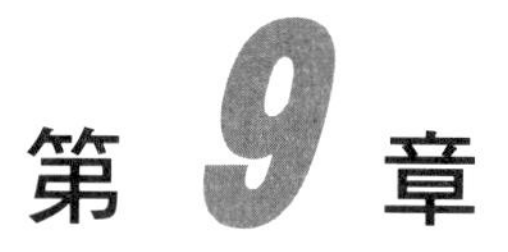

第 9 章

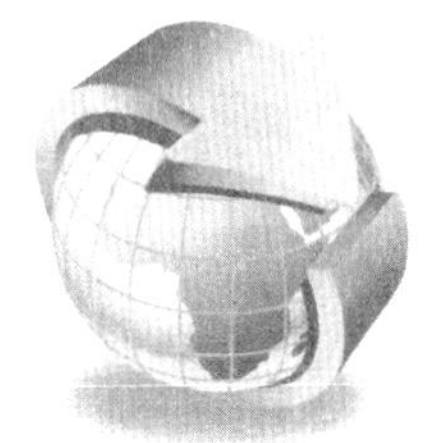

培訓現場的氣氛營造

音樂也是營造輕鬆氣氛必不可少的工具。

當我們走進一間精心準備的會議室的時候，如果那種輕鬆、喜悅的氣氛充滿其中，那是在營造有效的培訓氣氛的第一步。

一、現場氣氛的營造

培訓現場整個環境氣氛需要營造成令人感到是受歡迎的。

這個氣氛是要讓聽衆從進入教室的那一刻起，就感到歡迎的氣氛。這種時候，音樂、招貼畫、鮮花等等都是營造氣氛的最佳工具，它們能夠把學習效率比過去提高至少 5 倍。

1. 招貼畫

演示中投影圖片，35 毫米的幻燈片，和大幅書寫紙都是非常不錯的演示工具，在會場中適當地佈置招貼畫能夠更好地烘托起整個氣氛。在演示和課程開始之前，將招貼畫佈置在會場的四週。這些招貼畫圍繞在聽眾的週圍，能夠刺激它們的眼球、神經和意識，不斷把內容印在聽眾的記憶中。

但考慮到演示之後環境保持的問題，我們並不提倡在牆壁上粘貼招貼畫，而是鼓勵通過展示架、易拉寶等等將招貼畫展示出來。

2.色彩與鮮花

色彩比較容易引起人們的心理反應，因此在營造氣氛的會場佈置中需要注意色彩的運用。

紅色是警覺的顏色，藍色是冷靜的，黃色看起來是理智的顏色，綠色和棕色有一種平和的效果，而且它是溫暖和友好的。

鮮花是非常有用的一個道具，不僅色彩美麗，讓人感覺到可愛，從而心情放鬆，並且散發出的清香同樣讓人心曠神怡。在許多營利性服務行業裏面，為了讓顧客感覺到親切，總是在顧客能夠接觸到的地方擺上鮮花。例如參加旅遊團去中太平洋的旅遊中心夏威夷，剛上島就會被戴上用島上鮮花做的花環，陷入到一種熱烈的節日氣氛中。在演示之中，色彩和鮮花營造氣氛的功能是一樣的，能夠讓聽眾感覺到心曠神怡。

二、培訓會場的音樂

培訓會場不需要有完全的寧靜，可以有適度的音樂，營造一種分享以及相互交流的輕鬆氣氛。

音樂可以促進人的記憶能力、想像能力和情感體驗能力等的提高。因此，把音樂有機地組合於培訓的過程中對於提高培訓效果很有幫助。當然這不是說在培訓過程中要連續不斷地播放音樂，而是借助音樂達到以下目的：

· 使學習環境變得比較溫和、人性化和充滿生機；
· 使人的情緒放鬆，思維敏捷而開放；
· 為學習者創造積極的氣氛；
· 給大腦「升級」；
· 促進多感官的學習；
· 改善學習的效果。

適當的音樂有助於大腦放鬆、活躍，從而使人更好地發揮出自己的學習潛能來。

音樂可以創造一種親切、溫馨的氣氛，使學習的環境變得柔和，使煩躁的心平靜下來，激發學員的學習興趣，讓學員在輕鬆的氣氛中充滿活力地學習。

好的音樂可以提高學習的效率，選擇的音樂應根據學習者的情況和文化程度而有不同，不要太教條，不要太僵化，這是非常重要的。音樂是否合適，主要還是看其是否幫助學員提高了學習的效果、提升了學習者的素質。

1. 入場音樂

就像運動會進場一定要放運動員進行曲才能特別烘托出一種歡慶、祥和的氣氛，同時給運動員一種朝氣蓬勃的力量、勇往直前的勇氣和更高、更強、更遠的渴望一樣，演示的入場音樂也需要有它的積極意義存在。但凡一個演示，特別是培訓演示，總是希望能夠激起聽眾學習的熱情和積極性，激起一種對新的資訊的渴求，同時讓聽眾能夠以歡快輕鬆的心情來迎接即將到來的這個演示與學習的過程。因此，演示的入場音樂就需要營造一種朝氣蓬勃的、充滿活力的、熱情激昂的、輕鬆暢快的氣氛，讓人們對演示內容有所期待：今天是新的一天！令人激動的一天！

所以，開場音樂多以熱烈激情音樂為主，很多培訓師也將入場音樂安排為一些具有進行曲節奏快感，並且有號召和激勵意義的音樂。入場音樂一般都比較激昂動感。除了以激昂的進行曲作為入場音樂之外，輕快的、還有舒緩的小調，也常常是培訓師們準備入場之前營造會場氣氛的首選，更有些富有藝術氣質的老師會選擇古箏彈奏。

2.中場休息音樂

中場休息為什麼要配樂？因為音樂能通過心理作用影響人們的情緒，陶冶性情，從而達到消除疲勞和振奮精神的目的。美妙動聽的音樂，不僅可以使人心情舒暢，從中得到美的享受。還可以培養注意力集中的能力，鬆弛情緒。

人的身心是相互影響、密切聯繫的統一體，積極向上、樂觀愉快的情緒能加速消除疲勞，而憂愁苦悶、悲觀抑鬱的心情可使消除疲勞的過程大大延長。所以，當人疲勞時可通過心理調節使人的情緒處於積極的良好狀態，從而有助於消除疲勞。

在演示中場休息的十幾二十分鐘裏面，音樂的作用是營造一份輕鬆閒適的氣氛，使人們一度用於學習與思考的緊繃的大腦神經得到鬆弛，使身心稍事休息，感覺舒爽，從而在放鬆自如和恢復活力的精神狀態之下再開始下一階段的學習。因此，一般的中場休息適宜配一些輕鬆歡快的音樂歌曲，以舒緩、輕柔音樂為主，例如小提琴曲、鋼琴曲等。輕音樂是上好的選擇，可以起到讓人舒緩神經的效果，另外，大自然的聲音也是舒緩疲勞的靈丹妙藥。

另外，如果演示要連續進行一天，那麼中午聽衆要在會場小憩休息，這不僅要用到以上所說的消除疲勞的輕鬆音樂，而且需要催眠音樂了。所謂催眠音樂，是一種以特殊的音波錄製而成的適合使人進入睡眠、並且有利於保持良好的睡眠狀態(平和、安靜、不做夢、不斷續)的音樂。

3.終場音樂

終場音樂就是演示結束或者將要結束的時候放的音樂，通常以行動力、勵志音樂為主。

一般來說，終場音樂是為了表達一種特定的感情或目的。這種感情也許是一種培訓師與聽眾之間的恩情，或者是一種相見結識的情誼，又或者是對各人共同奮鬥的勉勵等等。

三、培訓會場的氣味

如果學習環境中的氣味不好，學員的鼻子會很敏感，自然會妨礙學習。一個良好的學習環境和適宜的氣味，會對學員的學習有很大的幫助。心理學研究表明，在芬芳宜人的花香中，學生的考試分數會提高 14%～54%。例如肉桂與蘋果混合煮沸後散發的芳香會使人心情愉悅，情緒處於興奮狀態。

茉莉：使人愉悅，產生美感；

薰衣草：營造和睦的氣氛，使人鎮靜；

羅勒：使人情緒高漲、頭腦清醒、士氣高昂；

康乃馨：促進分泌，使人沉默；

肉桂：使人心境平和，擺脫束縛，增強人的記憶力；

檸檬：淨化心靈，鼓舞人心，使人頭腦清醒，精力高度集中；

水仙花：有催眠作用，使人產生幻想，激發人的創造力；

柑：使人溫暖、愉悅、堅定、性情開朗和充滿活力；

胡椒、薄荷：使人頭腦清醒，給人新鮮感；

迷迭香：使人充滿力量，精力旺盛；

百里香：使人精神振作。

學習環境裏芳香的氣味，當然不是越多越好，而是要適當使用，擺幾盆精心挑選的散發淡淡香味的花，或在教室裏淡淡地噴灑一些香水即可，不要過度使用。

表 9-1　培訓中的干擾因素

噪音	檢查冷氣系統的噪音和教室附近的噪音
色彩	有無干擾學習的色彩，如黑色和棕色會使人的心理產生排斥而變得疲倦
房間結構	避免使用過長的房間或者中間有柱子的房間，因為它會妨礙講師和學員彼此的眼神交流。另外，房間的屋頂不宜低於3米
照明	照明的光源應柔和，可以根據不同需要對照度進行調節
牆和地面	培訓教室應鋪地毯或地板，使用同一色調，避免分散注意力。牆上只能貼與培訓內容有關的資料
電源	教室裏間隔5米應設置一個電源插座，方便培訓師使用
窗戶	選擇有窗戶的房間，有利於吸收自然光線和通風良好。同時，應配備具有良好遮光效果的窗簾
音響	應選用專業的音響系統，方便調節麥克風的音量，最好選用無線麥克風或頭戴麥克風，並備足專用電池
溫度	培訓教室的溫度要保持相對低一些，在22～24攝氏度為宜，有利於學員保持一個清醒的頭腦

四、培訓師的氣場修煉

氣場是培訓師在課程中抓住學員眼球、帶動學員積極性、指導學員和感染學員按照培訓師希望的方向發展的保障。

培訓師的氣場有兩種：第一種是硬氣場，第二種是軟氣場。第三種是感性氣場

⑴培訓師的硬氣場

①不管課程有沒有好的內容、高明的學術理論，培訓師都要用高音與激情帶領學員進入熱烈的課程氣氛。

氣場強的培訓師中，十有八九都不追求內容的硬氣場。例如講成功學的某些培訓師，儘管學術水準不高，課程內容理論性不強，但是課程中卻豪情萬丈。

②內容具有學術性或專業性，甚至權威性，帶給培訓師極強的自信心。

培訓師在課程中，或抓住一兩個理論知識點，或用自己研究的有高度的內容、新穎的觀點，輔以表演手法展示出來。之所以會用這樣的方法提升氣場，感染大家，是因為其希望用強烈的感染力來烘托好的內容，使其不被學員平淡待之。

⑵培訓師的軟氣場

軟氣場是培訓師最難達到的境界。不需多大的聲音，不需多豐富的肢體語言，甚至連看學生一眼都是多餘的。一個詞形容——不怒自威。軟氣場有兩種：第一，親和力；第二，實力極強，很自信。

①親和力下的軟氣場。

培訓師用極具親和力的語氣，意深而情濃的語調，拳拳動人心的

語句，帶領學生進入自己的思想和情感境界。

這樣的感性語言，要求培訓師表達時語音較低、語速較慢，每句話都有畫面感或者讓所有人都有同理心。培訓師講到水蜜桃時，所有學員能聞到水蜜桃的香，並且口腔中還能有水蜜桃的甜；培訓師講吃辣椒時，所有學員能辣到打噴嚏。這是培訓師感性語言達到極限的表現，這樣的水準需要進行專業訓練。

身為培訓師，這一關你必須過，否則你永遠不會在一個課程中感動所有人，絕對不會在一個課程中擁有大批忠誠學員。

②自信下的軟氣場。

在課程中時而談笑風生，委婉綽約；時而一個理論如泰山壓頂讓人自愧不如；時而一個觀點讓人感覺耳目一新拍手稱快。

培訓師在課程中沒有大的動作，不會反覆強調自己的觀點，甚至連互動都很少。這樣的培訓師往往用 200 小時的課程內容儲量來講述課程。

這種風格被很多人模仿，可成功的卻幾乎沒有。因為這種風格是靠沉澱，而不是靠表演。很多人告訴我，他就是這種風格的培訓師，可一交流就發現他就是個初級培訓師，是想靠幾本書的內容集中做一個課程，完全沒有積澱，完全沒有感性，完全沒有同理心，對課程完全沒有半點藝術加工。

培訓師的感性和氣場決定了培訓師的品牌、價格以及課程的品質。感性能力不夠、氣場不足的培訓師還說自己是優秀培訓師，還說自己課程很有效，這是自欺欺人的行為。

快速將感性、氣場的功課補起來，讓課程更加具有感染力和說服力，讓你的學生時刻保持注意力，是課程有效的保障，是提升培訓師在學員心中地位的妙招，是增強培訓師品牌影響力的法寶。

⑶培訓師的感性氣場

培訓師的名氣和出場費絕對不是以其學歷、政治地位、經濟地位和企業職位來定的。決定培訓師價格與名氣的重要參數是培訓師的感性與氣場。

可以這麼說，感性與氣場是培訓師必須要掌握的基本功和技能，沒有感性和氣場的培訓師是不合格的。

感性是課程中抓住學員注意力的唯一手段。講清楚理論知識，肯定是課程的出發點，不否認課程中需要這些，我甚至希望能給學員講更多知識、更多理論、更多觀點，但是這些內容需要在學員注意力集中的情況下講，才能使學員接受，而只有感性才能時刻抓住學員的注意力。

課程中的感性素材包括以下幾點：

①講故事、說笑話。　②運用案例。

③唱歌、跳舞。　④遊戲、健身。

⑤小組、個人才藝展示，PK，發獎。

⑥展示精美的 PPT、圖畫。

⑦借用名人名句、古詩詞，對對聯，修改文學名句。

⑧運用幽默語言或腦筋急轉彎等。

五、培訓師加強互動的妙招

1. 講故事可以加強互動

不會講故事的培訓師，無法獲得大部份學員喜歡，無法長久抓住學員注意力，課堂氣氛永遠是沉悶的。

一個不會講故事的培訓師絕對不是個好培訓師，絕對不會被多數學員喜歡，絕對無法時刻抓住學員的注意力。

①課程開始時講故事。

目的是課程開場破冰，瞬間抓住學員注意力，緩解培訓師課程開場的緊張。

②課程過程中講故事。

緩解課堂氣氛沉悶，避免由此造成培訓師緊張感加劇；提升課程藝術性，讓學員的主觀感受良好。

③課程結束時講故事。

一是用一個感性的故事將課程最後一次推入高潮；二是可以應對課程內容講完了，下課時間還沒到的情況，用講故事填充課程時間。

2.鼓舞學員喊口號，可帶動課程氣氛

喊口號是將課程帶入高潮最快、最好的形式，也是培訓師在課程開始時緩解緊張的有效技巧。

喊口號是培訓師課程中瞬間活躍氣氛、鼓舞學員士氣、緩解培訓師緊張最快、最好的手段。

很多運動員比賽前會大吼一聲，培訓師開講前，也在後台重重地吐口氣，「哈」上一聲，這都是為了提升士氣、緩解緊張。

根據課程的內容，構思一段 3～10 句話、每句話 4～10 個字的口號，帶領學員一起喊。只要有 40 人以上能大聲喊口號，就算 200 人睡著了，也能把他們全部吵醒。喊口號時，一定要讓大家站起來，語氣態度要堅決；文字要精煉，不要過於口語化，過多的隨意語言只會降低課程的文學性和理論邏輯；必要時可以將口號文字輸入 PPT 中。

3.培訓師要加大肢體動作

肢體語言也是培訓師的重要技巧。

會運用肢體語言的培訓師才能貼近學員。培訓師走得離學員多近，學員的心就離培訓師多近；培訓師站得離學員多遠，學員的心就離培訓師多遠。

肢體語言不僅能緩解生理緊張，而且能提升課程內容的能量，提升學員對課程內容的接受程度。

課程中可以利用肢體語言提升培訓師的表達能力。培訓師在講課時若能將肢體語言與口語和文字相結合，就更能引起學員共鳴。如果培訓師能讓學員從內心感受到課程內容，這樣的課程效果是培訓的最高境界。

4.做培訓遊戲可增進互動

遊戲活動是學員快樂指數最高的互動技巧，也是培訓師快速取悅學員的重要手段，很多培訓師甚至會在開場就使用遊戲。

遊戲能快速將課程氣氛推到最高，在課程沉悶時使用遊戲是個不錯的選擇。荒誕的、超長時間的、低級趣味的遊戲，這是對學員的不尊重，不要使用這樣的遊戲。

5.請學員讀 PPT 內文

課程中請學員讀 PPT 內文，是培訓師最常用的技巧，課程中必須有互動，如果全部用問話，那也會因形式單一而讓人感到枯燥，因此需要學員能隨機參與的互動形式。請學員讀 PPT 這個技巧非常方便、好用，只需要提前把要讀的內容輸入 PPT 即可。

課程中每 10 張 PPT 中，可有 1 張將要講的內容寫在上面準備好，在課程中讓學員讀。這樣，在課程中，很多話由學生讀，培訓師會輕鬆很多。甚至對於比較陌生的課題，培訓師還能在學員讀 PPT 時，有時間思考下面的內容。

第 10 章

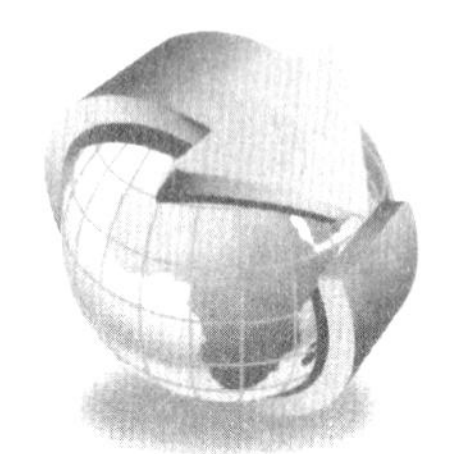

培訓課程的時間安排

一、安排課程時段

培訓師都希望自己的課程不沉悶，卻苦於沒有好的方法保證課程的全面互動。要用對方法，先要分析課程中何時容易沉悶，這樣才能有的放矢。

通常一天的培訓課程有 6 小時，上午 3 小時，下午 3 小時。有的課程下午也會是 3.5 小時，如果下午課程超過 3.5 小時，學員會非常辛苦，因為學員一次性連續接受知識的極限時長就是 3.5 小時。

以 6 小時課程為例——

上午 3 小時，分為 2 節課進行：

第一節課：09：00～10：30，共 90 分鐘；

第一次課休：10：30～10：45，課間休息 15 分鐘；

第二節課：10：45～12：00，共 75 分鐘。

下午 3 小時，分 3 節課進行：

第三節課：14：00～15：00，共 60 分鐘；

第二次課休：15：00～15：10，課間休息 10 分鐘；

第四節課：15：10～16：00，共 50 分鐘；

第三次課休：16：00～16：10，課間休息 10 分鐘；

第五節課：16：10～17：00，共 50 分鐘。

這個課程時間表是最普遍、最安全的日課程時間安排。

二、課程時間單位分配

課程時間單位有 5 種分配方法：

⑴每小時為一個課程時間單位：這是企業初級培訓師的標準。

⑵每 30 分鐘為一個課程時間單位：這是商業性初級培訓師標準。

⑶每 15 分鐘為一個課程時間單位：能真正達到這個級別的人不多，這樣級別的老師一般都會得到學員的認可和稱讚。

⑷每 8 分鐘為一個課程時間單位：只有國際專業講師培訓高級班的學員，在某個 8 分鐘能達到這個要求。能達到這種要求標準的老師，一定是按小品導演的方式安排課程細節的。

⑸每張 PPT 為一個課程時間單位：可以這麼說，每個課程的時間單位越小，課程的難度就越大，課程的效果就越好，課程的價值和傳播性就越高。

為什麼小品、相聲，百看不厭？因為時間短，不會錯過開頭和結尾，而且過程中笑料百出。

好的電影，每個情節時間越短，電影效果就越好；培訓也是一樣，每個課程時間單位越長，課程效果就越差；每個課程時間單位越短，課程效果就好。

課程按「課程時間單位」來佈局的，不管從那開始，聽個 5～10 分鐘，就能感受到老師傳授的經驗。他的課程內容就是很多不同主題的單獨呈現，把這些獨立主題合在一起，就成為一個完整的大課題。

三、課程時間單位的藝術要求

⑴每個課程時間單位必須有理論內容：讓學員在這個時間有學習知識的成就感。

⑵每個課程時間單位必須有感性素材：因為只有感性才能時時刻刻吸引學員的注意力，學員注意力不在了，還要這個課程做什麼？

⑶每個課程時間單位必須有互動素材：沒有互動的課程，該是多麼沉悶啊！

⑷每個課程時間單位，必須有課程獨立目的性：這個課程時間單位你要做什麼？為什麼這麼做？你要讓學員學習什麼？學習這些有什麼用?

⑸每個課程時間單位必須有快樂元素。

表 10-1　課程時間單位藝術結構設計表（一小時）

<table>
<tr><th>時間</th><th>藝術與技巧</th></tr>
<tr><td rowspan="4">09：00～10：30
第一節，每 22 分鐘要做什麼</td><td>一節課的開始：抓住了學員的思想，一定要結合理論內容</td></tr>
<tr><td>講高端的內容，獲得學員信任、尊重</td></tr>
<tr><td>可能會沉悶：討論</td></tr>
<tr><td>一節課快結束時，一定要講些理論</td></tr>
<tr><td rowspan="4">10：45～12：00
第二節，每 17 分鐘要做什麼</td><td>開場氣氛，把學員的心收回來</td></tr>
<tr><td>大面積互動：遊戲，帶給學員快樂</td></tr>
<tr><td>高水準的理論，保證賞學習到知識</td></tr>
<tr><td>用最快樂的方式收場，讓學員對下午有信心</td></tr>
<tr><td rowspan="3">14：00～15：00
第三節，每 20 分鐘要做什麼</td><td>學員午睡回來，一定要振奮學員精神</td></tr>
<tr><td>用大面積互動講述內容：腦力激盪法</td></tr>
<tr><td>用極端感性語言，保持學員注意力和狀態</td></tr>
<tr><td rowspan="2">15：15～16：15
第四節，每 20 分鐘要做什麼</td><td>最容易沉悶的時間段：研討會或者訓練</td></tr>
<tr><td>課程中最重要的內容來吸引大家注意力</td></tr>
<tr><td rowspan="3">16：30～17：30
第五節，每 20 分鐘要做什麼</td><td>時間不多了，重要內容先講</td></tr>
<tr><td>大面積互動：討論</td></tr>
<tr><td>課程一定要總結</td></tr>
<tr><td colspan="2">註：這是每小時課程時間單位管理，是企業內部培訓師的標準，這個標準能保證學員課堂上不睡覺，6 小時不走神，課程每小時都有經典的、高端的內容。</td></tr>
</table>

表 10-2 課程時間單位藝術結構設計表(半小時)

時間		藝術與技巧
第一節課	09：00～09：30	培訓師介紹、內容廣告、抓住學員思想
		第一個重要內容，讓學員學習到知識
	09：30～10：00	多提問，讓學員參與、大量互動
		案例、大量內容
	10：00～10：30	快樂素材、大量互動
		有高度、有深度的內容
第二節課	10：45～11：20	大面積互動開場，抓住學員思想
		討論
	11：20～12：00	故事
		高水準內容
第三節課	14：00～14：30	開場氣氛，把學員的心收回來
		大面積互動：遊戲，帶給學員快樂
	14：30～15：00	高水準、有深度的理論，保證學員學習到知識
		用最快樂的方式收場，讓學員對下午有信心
第四節課	15：15～15：45	本節課最容易犯困，一定要振奮學員精神
		研討會，大面積互動尤為重要
	15：45～16：15	用大面積互動講述內容：腦力激盪法
		用極端感性語言，保持學員注意力和狀態
第五節課	16：30～17：00	討論
		多提問
	17：00～17：30	課程問題

註：這是半小時課程時間單位管理，是初級商業培訓師、企業高級培訓師的標準，這個標準能保證學員課堂上不睡覺，6 小時不走神，課程每半小時都有經典的、高端的內容。

四、一日課程沉悶時間分析

一天課程中，最容易沉悶和打瞌睡的時間是第四節課全部時間。因此這節課通常不以講課程內容為目的，而是以調節課程氣氛、實施大面積互動為主，可以安排一級大面積互動。

第三節課第二段和第五節課第二段是比較容易沉悶的，安排二級大面積互動。

第一、二節課程的第二段也容易沉悶，但是打瞌睡的人相對不多，在這個時間段，可以考慮使用二級、三級大面積互動。

有計劃地預防學員上課打瞌睡和課程沉悶，能絕對保證課程的氣氛。

課程中不要過於重視內容，忽略互動的價值，不然就不會有好的課程範圍。

每節課根據總時長，平均分成三段。

第一節課：90 分鐘，每段時間為 30 分鐘；

第二節課：75 分鐘，每段時間為 25 分鐘；

第三節課：60 分鐘，每段時間為 20 分鐘；

第四節課：50 分鐘，每段時間為 17 分鐘；

第五節課：50 分鐘，每段時間為 17 分鐘。

第四節課全部時間段是最容易沉悶的，第三、五節課的第二段是課程中比較容易沉悶的時段；第一、二節課的第二段也容易沉悶(見表 10-3)。

表 10-3　日課程沉悶時間表

時間	第一段	第二段	第三段
第一節課		容易沉悶	
第二節課		容易沉悶	
第三節課		比較容易沉悶和打瞌睡	
第四節課	最容易沉悶和打瞌睡	最容易沉悶和打瞌睡	最容易沉悶和打瞌睡
第五節課		比較容易沉悶和打瞌睡	

五、培訓課程中的體操

1. 很多培訓師一天課程保持手勢下垂，沒有手勢，於是肩膀就疼。

正確的方法：在課程中一直保持手部動作，手勢越快越顯出激情，幅度越大越能感染學員。一天的課程下來，等於做了一天的擴胸運動。

2. 培訓師課程中站在講台上 4 小時，除了課間休息時走走，其他時間都站著不動。有一個做了 10 年的培訓師，講課時從來都是站在那裏不動，而且還站得筆直，結果兩腿患上靜脈曲張。

正確的方法；隨內容而走動，三句兩句一步法，講到激情時還要跺跺腳。走 2 分鐘後，站在一個好的，適合照相的位置，以一種優雅的姿態講 2 分鐘。

3. 講課一天腰會痛的，多半是沒有親和力的。

正確的方法：課程中時不時走到學員面前，彎下腰看看學員的筆記，低下頭給學員一個微笑，時不時側下身說；「可以問你一個問題嗎？」

如果一天課程中，每 10 分鐘有 1～2 次腰部運動，怎麼會腰痛呢？

4.很多培訓師不會轉脖子，一天課程下來頸椎像樹幹一樣暖。

正確的方法：課程中每 1～2 分鐘把學員全看一遍，這樣等於每 1～2 分鐘就從左到右扭了一遍脖子，再低頭看看最近處的學員，然後抬頭看看遠處的學員。

這樣，一天的課程下來，不是在講課，而是在做輕微的頸椎運動。

心得欄

第 11 章

培訓師的開場白技巧

早在 1910 年，德國科學家海因羅特就發現，許多動物出生，最初碰到了誰，就會本能地跟隨其後。所以，剛剛破殼的小鵝，竟會認狗為母。生物界承認「第一」、忽視「第二」現象，哲學家稱為「印刻效應」。

有人計算過，在市場上最先進入消費者心裏的品牌，其市場佔有率比第二進入的，要多一倍以上；人們談起體育明星，獲得冠軍者許多人耳熟能詳，獲得亞軍者有幾人能記得清楚？所以，培訓師要注重給人的第一印象、第一感受，這才是制勝的法寶。

一、想像成功的畫面

馬上就要走上講台了，對新培訓師來說，這一刻可能是噩夢：手心出汗、心怦怦直跳、口乾、手抖、兩腳發軟……種種的不適一下子都出現了。

不必過分沮喪，這是很正常的現象，即使是最老練的培訓師，也會在上課前感到緊張，而緊張確實會或多或少地影響你的表現，所以在開課前 5 分鐘，你要做一些努力，使自己平靜下來。

5 分鐘準備的要點如下：

1. 審視外表

站在鏡子前，從頭到腳檢查一遍：頭髮是否梳好？精神是否飽滿？牙齒是否乾淨？衣服是否平整？扣子是否扣好？鞋帶是否繫好？當你發現自己渾身上下井井有條時，心情會立刻舒暢起來。

2. 放鬆練習

可以進行深呼吸運動來消除緊張：以舒適的姿勢站著或是坐下，閉上眼睛，緩緩地吸氣，然後慢慢地呼氣。也可以坐下來閉目養養神，喝一口茶……用任何能讓你感到放鬆的方式來消除緊張。

3. 想像成功

東漢末年，曹操帶兵去攻打張繡，一路行軍經過的都是荒山禿嶺，方圓數十裏也沒有水源。時值盛夏，將士們一個個口乾舌燥，筋疲力盡。曹操眼看將士們軍心動搖，心生一計，騙眾人說，前面有一個梅樹林。大家快點走，到那裏可以摘梅子吃。眾將士聽到有梅子吃，口裏都生出口水來，都不覺得渴了，精神也振作起來了。

這個故事說明了一個道理，精神的力量是無窮的。只要你告訴自己，你能成功，你的信心自然會大增。

可在心裏默念一些鼓勵或是撫慰自己的話，以消除自己的緊張情緒：

⑴我已經做了充分的準備，我一定能取得成功。

⑵在練習時得到朋友很高的評價，現在學員也一定會喜歡我的

課。

⑶我的熱情和真誠一定能贏得學員的信任。

短短幾分鐘的自我放鬆和自我鼓勵後，相信你的心情已經平復，現在可以邁開自信的步伐走向講台了。

有經驗的培訓師往往在準備階段會花很多心思構思開場白，以求在開場階段能夠在學員的心目中樹立良好的印象，拉近彼此之間的距離，為以後的順利講授做好鋪墊。

「我該怎麼開始我的講授呢？」不管你採取什麼樣的形式開始你的講授，首先，你必須明確你的開場白需要達到以下的目的：

· 對整個培訓內容作一個概述，簡略介紹要點
· 提高學員對培訓師的認可程度
· 勾起學員對講授內容的興趣
· 激起學員聽課的積極性
· 與學員建立起聯繫
· 吸引學員將注意力集中在培訓師的身上
· 為整個課程的授課氣氛奠定良好的基礎。

在你構思開場白之前，不妨假設你已經站在講台上了，想一想那一種開場白能吸引住台下那麼多的學員，是一則閃爍著智慧火花的寓言故事？一個啟發思考的問題？富有哲理性的一段話？還是一個讓人捧腹大笑的笑話？……

二、開場白的六個標準

培訓課程的開頭方式是否恰當，往往是由演示的內容來決定的。不同的演示主題，不同的材料積累，會衍生很多形式的開場白。實際

上，同一個人在不同的地方做同一個演示，開場白也是不一樣的。除了以上所講的關於開場技巧和開場陷阱的補充，還有許多開場形式值得我們去借鑑或者拋棄。

任何符合以下標準的開場都是好開場：

標準一：能吸引學員注意

演示開頭成敗的關鍵在於能否吸引並集中聽衆的注意力。演示時獲取聽衆注意力的方式隨題材、聽衆和場景的不同而改變，一般可以運用事例、軼聞、經歷、反詰、引言、幽默等手段達到此目的。

例如，在一個名為「財商」的演講當中，培訓師運用了吸引人的「魔鬼詞典」的解釋來吸引聽衆：

「財富意味著什麼？魔鬼詞典裏面說，財富意味著犯法而不受懲罰。」

標準二：要讓學員明白關鍵術語

如果培訓課程的成功與否，取決於聽衆能否理解其中的某些術語或概念，那麼在上課開頭時，對關鍵術語加以解釋，就顯得格外重要了。

例如，在一個以「打造明星團隊」為主題的培訓會當中，是這樣開門見山的：

「團隊，是指在工作中緊密協作並相互負責的一群人，他們擁有共同的效益目標。任何團隊，其包括五個要素，簡稱『5P』，即目標(Purpose)、定位(Place)、許可權(Power)、計劃(Plan)和人員(People)。」

標準三：能為學員提供背景知識

上課時，培訓師被認為是專家或權威，如果培訓學員對演示的主題知之甚少，那麼很有必要在開頭部份對聽衆講述與主題有關的背景知識，它們不僅是聽衆理解演示所必需的，而且還可以體現出主題的重要性。

例如，以「學習型組織構建」為主題的上課，首先就對有關背景作了介紹：

「當今世界，是一個知識爆炸的時代，伴隨而來的是資源週轉加快、工作流程縮短、知識經驗徹底貶值、世界變小。社會現狀從漁獵、農耕、工商社會演變成知識產業社會。從第三次科技革命開始至今，幾乎所有人都被迫成為知識工作者。如果我們想要在自己的領域繼續充分發揮優勢，成為既富有又快樂的成功一族，甚至發展成為屹立不倒的產業精英，其前提條件必然是得先成為努力不懈的知識工作者。這種條件下，必然要求無論是我們自身還是我們的企業在學習速度、學習內容、學習方式上都應當有突破性的進展……」

標準四：能為學員說明演講目的

在大多數情況下，演講開頭應揭示出目的。如果做不到這一點，那麼聽衆要麼會失去興趣，要麼會誤解演說的目的，或者甚至於會懷疑培訓師的動機。「優質顧客服務」演示主題的培訓師在短短的 15 秒鐘內便把他的演說目的陳述給聽衆：

「諸位好。謝謝大家給予我這個露面機會。在今天，很多人已經認識到現在是一個以顧客需求為中心的買方市場社會了。殘酷的市場競爭將無情的淘汰掉那些不具備競爭力的企業，而只有少數的被大衆認可的企業能夠生存下來。因此，怎樣為顧客提供優質的服務？如何提高顧客滿意度？實際上這是一個關係我們企業興衰成敗的大問題。那麼，我今天就來談一談，我們的企業應該如何在客服方面做得更好，我們的客戶服務人員應該進行那些改善……」

標準五：要能激發出學員的興趣

從本質上說，聽眾是很自私的，他們只是在感到能從演示中有所收穫時才專心去聽。演示的開頭應當回答聽眾心中的「我為什麼要聽？」這一問題。一個培訓師通過表達她對聽眾需要的關心和尊重而激發起了聽眾們的興趣：

「很高興來到這裏跟大家一起參加這個『營銷戰鬥營』。在 5 個小時以前，我還在香港，而在昨天早晨，我在新加坡。為了能夠給大家帶來更多有益的資訊，我先是將我差不多 20 年的營銷實踐經驗總結了一遍，然後又跟許多優秀的朋友進行了討論和借鑑。我想跟大家說的是，我的職業是營銷經理，而培訓是我的志業，一生的志業！能夠將自己的知識與經驗傳給天下的人，這是我的榮幸，也是我的志願。所以，我問培訓的主辦者：『今晚來參加的人都有那些？他們希望我講什麼？』他們告訴我在座的各位都是些很熱心的人，希望我的演說有趣而富有啓發性。因此，我將保證告訴大家一些有用的知識，我也同時希望我的演說簡明扼要，並留給大家一定的提問時間。而且，當演示結束的時候，我一定會站在大門的出口，一一送別各位，以感謝大家對我的支援……」

標準六：能爭取到學員的信任

有時候，聽眾可能會對演講者的動機發出疑問，或是與演講者持相反的觀點。在諸如此類的場合——特別是想改變聽眾的觀點或行為時——要成功就需要建立或是提高聽眾對培訓師的信任感。針對這個問題，許多有經驗的培訓師提出了下面幾條建議：

承認分歧存在，但著重強調共同的觀點和目標。例如：

「雖然我們在兩個完全不同的社會環境中生長，但是我認為，炎黃子孫共同的血液在我們的心中流淌著，中華民族東方文化的精髓在我們腦中深深的駐留著，所以我們實際上是非常容易溝通的。」

對那些連演示還沒有開始就對培訓師的名聲和所作所為進行攻擊的行為加以駁斥。例如：

「這個世界上，許多人都是主觀主義者，在還沒有見到一個人之前因為聽別人說這個人有什麼什麼毛病，於是就對這個人有了主觀的偏見，實際上這是一種不好的思維習慣。在創新思維理論中，這是最容易形成思維禁錮的一個原因。在這裏，我要說，事實勝於雄辯，事實將證明一切。」

否認演說的動機是自私和個人的。例如：

「非常感謝某某單位提供這樣一個機會。實際上，很早很早以前就有許多年輕的小弟弟小妹妹通過各種管道來向我諮詢，怎麼樣規劃自己的職業生涯？本來我是不想出來做公衆性的演示，可是後來可能是名聲在外了，居然越來越多的人找上門來討教。於是，我想了又想，還是決定把自己十幾年來的經驗積累傳授給更多的上進人士。我希望，這也是我對社會的一點微薄的貢獻吧。」

喚起聽衆的公道意識，讓他們仔細地去聽。例如：

「在上課開始之前，我們要先形成一個共識，那就是為了保證會場的安靜和有效，請大家自動將手機調到震動狀態，以免當演示進行到正精彩的時候，您的手機發出可愛的鈴聲，影響您和其他人的聽講。謝謝各位。」

三、預熱開場控制

1. 預熱

將最佳狀態展現在眾人面前，是一名優秀的培訓師必備的基本功，而進行必要的預熱，則是最佳展現的必由之路。

培訓師主要靠口語傳遞信息和智慧，有「十年厚積，一朝薄發」的特點。所以，做到精神放鬆才能達到滿腹經綸信手拈來的理想狀態。放鬆精神各人有各自行之有效的辦法，唱歌、熱浴、散步、慢跑、屏氣、轉移等都不失為好辦法。要想像成功：

⑴準備信心卡。將注意事項和重點提示等寫在信心卡上，隨時備用以增強信心。

⑵想像極易陶醉的景象：掌聲、鮮花、喝彩、目光、藍天、碧野、親友。

⑶再度整裝，自我欣賞。

2. 開場

有人說，培訓師能否被學員所接受，取決於講台亮相的前 3 分鐘。此話或有些偏頗，卻也道出開場對培訓師的重要性。

培訓師登台「四字經」

⑴目光專注——登台伊始，目光要迎向學員，微笑示意。

⑵衣整氣沉——著裝考究，整潔大方，神情自若，氣宇軒昂。

⑶空台出場——培訓師活動場地仍有他人在場的時候，培訓師不要貿然出場。

⑷靜場起音——培訓場所未安靜下來之前，培訓師要專注等待，不要貿然開講。

⑸鳳頭亮相——就像寫文章，找一個新穎、出彩、提神的開篇語。

⑹堅定自信——不卑不亢，氣壯如牛。

⑺俯首露頂——忌只低頭不彎腰，鞠躬要讓後排學員看到你的頭頂。

⑻尋求知音——登場後，要善於尋求欣賞自己的善意目光，自我激勵。

⑼目正口端——不要斜視、眯眼、上瞟；不要歪嘴、舔唇、吮口等。

⑽下盤沉穩——挺立。不要彎曲雙腿、抖腿、踮腳、攏腿、叉腿等。

⑾聲音洪亮——前 3 分鐘，保持音量 70～80 分貝強。

⑿張嘴凝神——張嘴發音時，眼光不要遊移不定。

⒀喜實惡虛——注意多用實詞，少用虛詞，切忌重覆，丟掉「哼」、「呀」、「嘛」、「哈」、「這個」、「那個」、「就是說」等口頭禪。

⒁喉語唇音——語音保持親和力和滲透力，不要為追求洪亮誤用喉音，或者追求甜美，多用唇齒音，形成娘娘腔。

⒂神遊八極——在緊扣主題基礎上，力求表現例證的廣闊豐富，增強感染力。

⒃扇攏神跟——培訓師的注意力要與目光一致，目光儘量與腳向形成的扇面相一致。

⒄未畢不易——一個動作未完成，不要再做其他動作。

⒅麥克隨人——要調整麥克適應自己，而不要移動身體適應麥克。

⒆讀稿收臂——如拿稿閱讀，收上臂至側胸，小臂與軀幹成 50 度以上角度，托稿在手！

⒇多看手心——手勢儘量要掌心向上，不要有過多掌心下壓動作。

⑵太極環抱——雙手同時動作的時候，要假想抱球狀態。

⑵張臂自然——上肢動作要舒展，幅度要大一些，不要刻意用肢體語言。

⑵時察眥角——講授時間長了，眼角、嘴角容易產生分泌物，務必不露痕跡地處理。

⑵敬遠嘻近——要從感情上關愛學員，但是不能親昵，講課位置不要與學員太近。

⑵板書清晰——杜絕「天書」現象，書寫規範工整，排列要講究藝術性。

⑵背不朝人——講授課程的時候，除了短暫板書，不要背對學員。

⑵不戀一隅——注意培訓場所的寬度、長度，不要老站在一個位置。

⑵多居核心——大部份時間，培訓師要在中央位置授課，以便駕馭全局。

⑵倡掌諱指——肢體指示提倡多用手掌，忌手指向人。

⑶枝蔓同根——旁徵博引必須為觀點所用，所述觀點要緊扣課程目標！

四、精彩開場的方法

講一堂課，把學員的興趣激發起來，建立了大家對你的興趣、信任，你才能很好地切入主題，也只有這樣，你才能更好地使學員實現學習要求向學習需求的轉變。

「良好的開端是成功的一半」，演講的開場白極為重要。然而「萬事開頭難」，要想用三言兩語的開場白瞬間抓住學員的心，絕非易事。如果培訓一開始就不能贏得學員的好感，不能吸引學員，後面再精彩的言論也將黯然失色。因此，有經驗的培訓師，總是創造出新穎獨特、有奇趣、顯智慧的開場白，以吸引學員，開啟學員心靈之門，拉近培訓師與學員之間的距離，達到控制現場的目的，為接下來的演講內容順利地搭梯架橋。一般常用的培訓開場方法主要有：

⑴開門見山法

此種開場方法開篇即直接切入主題，令學員感覺到簡潔明快，乾淨俐落，廢話較少，此種方法應用比較廣泛。舉例如下：

各位朋友，大家早上好，很高興能夠有機會與大家在一起共同探討有關如何利用品管手法解決現場品質問題這個話題，今天，我要與大家共同交流的課程主題是——問題的分析與決策。

各位同仁，下午好。在接下來的六個小時中由我與大家共同探討一線主管督導能力和技巧提升的問題。

開門見山的開場方式，其好處在於利用培訓師剛走上講台，學員興趣都比較濃的時刻，直接揭示主題、展開分析，使聽眾迅速進入狀態。一旦決定採用這種開頭方式，就應當儘量做到語言準確凝練，不宜再拐彎抹角，進行過多的渲染鋪墊，否則就容易造成開頭臃腫，而與主體部份比例失調。

⑵數據導入

數據是很有說服力的，在很多時候，數據導入是一種不可置疑的導入方法。例如，要講一個如何提升競爭能力的課題，如果這樣導入就會很沒勁：

例如，培訓師說：我們一定要提升自己的競爭能力，我們一定要超越我們的對手。

但是用數據導入，就會有更好的效果：

今年上半年，我們的業績增長了15%，我們看上去是在進步，但我對比了競爭對手的數據，我們的三個主要競爭對手，今年上半年的業績增長都在25%以上。表面上看我們好像在進步，其實，這是整個市場大環境好轉的結果，相比之下，我們還是退步了，我們只增長了15%，別人增長了25%，這說明了什麼？說明我們在競爭上落後於別人。所以，今天我和大家分享一個如何提升競爭能力的課題。

⑶故事比喻法

採用故事或笑話來映射某些管理問題，這種方法開場能夠吸引學員興趣，激起學員聽課積極性，為整節課的授課氣氛奠定良好的基礎，但應該注意的是，所引用的故事或笑話應該與所要強調的觀點或內容有關聯，否則在講完小故事後再轉入其他內容就會令學員感到比較突兀，銜接不夠自然。

講述故事或笑話時要遵循這樣幾點原則：要短小，不能成了故事會；要與培訓的主題與內容有關；要有意味，促人深思。

⑷自我解嘲法

此種開場方法是開篇即從培訓師自身的一些話題入手，先進行一番自我嘲弄，令學員感到親切，使培訓師與學員之間消除距離感，對於增進與學員之間的溝通有較大的幫助。

胡適在一次演講時這樣開頭：「我今天不是來向諸君作報告的，我是來『胡說』的，因為我姓胡。」話音剛落，學員大笑。

這個開場既巧妙地介紹了自己，又體現了培訓師謙遜的修養，而且活躍了場上氣氛，溝通了培訓師與學員的心理，可謂一石三鳥，堪稱一絕。

長期以來，我一直以自己的聲音悅耳動聽而感到自豪，因為朋友們經常說我的聲音就像鴨子的叫聲一樣動聽。還有一點讓我感到自豪的是我的走路姿勢非常優美，具有紳士風度，朋友們說我的走路姿勢就像南極的企鵝一樣。

應用自我解嘲方法開場如果能運用好，則能在學員的笑聲中迅速拉近距離，消除陌生造成的隔閡和偏見，但如果應用過度則會有損培訓師自身形象，因此，要掌握適度。

⑸事例導入

培訓師可以透過講解自己熟知的事情來導入所要表達的主題。

一直以來，我對自己的工作嚴格要求，做每一件事情都力求完美，力求能夠令客戶滿意。前不久我又做了一單廣告，投放後立即收到很好的效果，為客戶帶來了更多的訂單，實現利潤增長 300 萬元。我成就了客戶，當然自己也得到了一筆不菲的收入和更大的發展空間。這就是我想要和大家分享的主題，因成就他人而成功。

⑹雙向溝通法

雙向溝通法是指在授課之初培訓師就廣泛徵求學員意見，或採用互相自我介紹的方法來彼此認識，這樣培訓師在授課時能夠把握學員的基本素質或真正的培訓需求，使授課更加具有實用性。學員受到充分的尊重，更能夠接受培訓師的授課內容。

公司的經理們，晚上好，今天晚上我們主要探討的話題是有關如何激勵和培育下屬的問題，那麼我想先聽一聽各位對於這個問題的看法和體會。

某某集團的各位高級經理們，今天我們將主要來探討一下有關職業經理人素質的問題，並且以互相交流的形式進行，為方便我們之間的溝通，有請各位以一分鐘的時間進行一下自我介紹。

雙向溝通開場方法主要應用在培訓對象為中高層人員的培訓授課中，但培訓對象較多，利用此種方法會導致會場混亂，耽誤授課進度。

⑺巧設問題法

巧設問題法開場容易引起學員注意，激起學員好奇心，從而能夠集中注意力來聽講，同時也能夠明確授課主題，並引出授課內容。

各位同事，我們能夠眼睜睜地看著我們的顧客從我們的手中流走嗎？不能！肯定不能！

各位朋友，當我們看到公司的產品品質下降，顧客投訴事件頻頻發生時，當我們看到公司的損耗越來越大時，我們還能夠坐視不理嗎？不能！堅決不能！因為這是我們作為公司一員的基本責任。

採用巧設問題的開頭方式，把握問題的度非常重要。提問的信息要能與對象、場合相適應，既要注意內容的合理性，也要注意對學員的新鮮感。倘若設計不當，就會導致弄巧成拙，給人以故弄玄虛、淺陋俗套的感覺。

⑻引言導入

培訓師引用一段名人的話或者一句有哲理的話，以此來引導學員的思路。例如，講「商道」的時候可以這樣開頭：

孔子說：「仁者樂山，智者樂水。」那為什麼仁者樂山，智者樂水呢？可以用一句話來解釋：「仁者靜，智者動。」智，則具備智慧，智慧是多變的，智慧就像水一樣，在於多變。如果我能衝過去我就衝過去，衝不過去我就繞過去，再繞不過去我就積蓄能量，最後「飛流直下三千尺」。

德，就像山一樣，讓人感覺到你的寬廣胸懷，感覺到你的原則性很強。水繞山則美，「山水相依」的人才能成功。相反，如果你的品德像水一樣經常在變，你的智慧像山一樣不動，那絕對是癡呆症！

透過引人入勝的話語就把主題帶出來了。

⑼揭示事實法

事實的巨大說服力是其他任何比喻、激勵等培訓手法都無法比擬的，授課開篇就以揭示事實來切入，能夠引起學員的足夠重視，同時讓學員感到培訓師講授的內容非常實在，培訓師所要達到的改變學員觀念或促使學員行動的目的，通過引述事實而更加容易實現。

各位，現在我非常遺憾地向大家宣佈一個消息，我們企業截止到昨天已經負債 3 億元，其中有 2 億元的銀行貸款將於下個月到期，而且我們今年生產出來的產品有 60%都還在倉庫中積壓，再有 10 個月，產品的有效期一到，這些積壓的產品將變成廢品，再來看看我們的工人們，全廠 3000 名工人要吃飯，目前已經 2 個月沒有發薪資，已經退休和即將退休的 800 名工人和幹部的退休金已經告急，現在是到了我們生死存亡的時候了，那麼我們應該怎麼辦呢？把工廠賣掉嗎？換回來的錢還不夠發 2 個月薪資，2 個月之後怎麼辦呢？你們能告訴我應該怎樣做嗎？不知道，好！那麼，現在聽我說，目前擺在我們眼前的有兩條路可走——

揭示事實不是故意繞圈子，不能離題萬里、漫無邊際地東拉西扯。否則會沖淡主題，使學員感到倦怠和不耐煩。培訓師在培訓前應對事實進行充分的調查和資料的收集，必須做到心中有數，還應注意渲染的內容必須與主題相互輝映，渾然一體。

⑽演示導入

演示可以更直觀地表現主題，例如畫圖，使對方一目了然。培訓師也應該多用演示的方法，利用身邊一切可以利用的東西，那怕是一隻筆、一個杯子。

你看，這是你的目標吧？這是你的起點吧？按理來說，最近的距離就是這一條線吧？但其實不是啊，最近的距離往往是過不去的，最近的距離其實是需要繞過去的，因為這條線根本不通。

那麼，當你跨不過去的時候幹嗎不繞過去呢？其實中國人頭腦裏有很多「就是跨不過去也硬要跨過去」的想法，但是西方人的觀念卻不同。當遇到發大水的時候，中國先人是大禹治水，人定勝天，而西方人是造諾亞方舟，坐著船跑了。這就是，當跨不過去的時候，就要另外想辦法解決。

⑾獨特創意法

為能夠吸引學員注意，培訓師有時可以採用平常難以想像的獨特方式來開場，給學員煥然一新的感覺。

跑動出場，並邊跑邊喊「狼來啦！狼來啦！」然後向學員解釋說：我說的不是山裏面的「狼」，不過這些狼同樣能夠吃人，他們是誰呢——加入 WTO 之後的跨國公司。今天我們就來探討一下「WTO 給百姓帶來什麼」這個課題。

獨特創意不是故弄玄虛，既不能頻繁使用，也不能懸而不解。在適當的時候應解開懸念，使聽眾的好奇心得到滿足，而且也能使前後內容互相照應，渾然一體。

⑿引經據典法

培訓開場白也可以直接引用名人名言，為展開自己的培訓主題作必要的鋪墊和烘托。

人類第一個登上月球的宇航員阿姆斯壯曾說過:「一個人的一小步，卻是整個人類的一大步。」那麼，對於今天我們要提高演講能力的人來說就是「上台一小步，人生一大步」。不開口不知道自己舌頭短，不上台不知道自己腿短。要想提高演講能力，上台開口練習是不二法門。

這樣的引用和引申，一下子就讓學員們進入了狀態，激發了他們即刻上臺演講的慾望。

作為開場白的被引用材料，一般要具備兩個基本條件：第一，被引用材料極其精彩，具有相當強的概括力、說服力和感染力。第二，被引用材料出自權威、名人或聽眾十分熟悉的事物。

⒀幽默渲染法

「笑是兩個人之間最短的距離。」在培訓當中也不例外，用一個笑話開始，是許多老練的培訓師教新的培訓師如何開始培訓時經常提出的建議。在哈哈大笑之後，學員往往會從中領悟到什麼。如果善於把自己要講的觀點融入一個笑話中來抓住學員的注意力，使他們願意聽，這樣，講授沒開始你就已經贏了。

在培訓師決定以一個幽默開始培訓之前，先問問自己以下的問題：

· 我個人的風格適合講笑話嗎？
· 這個笑話真的好笑嗎？
· 我能舒暢地把這個笑話說出來嗎？
· 該笑話與培訓的基調相符嗎？
· 該笑話與培訓主題相符嗎？
· 學員能領會笑話中的可笑之處嗎？
· 學員會喜歡這個笑話嗎？

· 笑話有品位嗎？

· 笑話新鮮嗎？

如果所有的問題你的答案都是「是」，先別急，請再考慮考慮，如果幽默運用不恰當，效果會適得其反。

有一天，羅馬皇帝尼祿去競技場觀看獅子是怎樣把基督徒當做午餐的。被選定的獅子像往常那樣興致勃勃地大快朵頤，直到出現了一個基督徒。這個人向獅子說了幾句，那頭獅子專心聽了他的話，然後夾著尾巴小步跑開了。這個人對接下來的幾頭獅子如法炮製，剛才還異常兇猛的猛獸，全都邁著十分溫順的步子逃開了。

最後，尼祿終於忍不住了。他讓人把基督徒帶來。看著這個面帶微笑站在他寶座前的人，尼祿說道：「如果你告訴我你對獅子都說了些什麼，我就給你自由。」

基督徒回答說：「我告訴它們：獲得這場比賽勝利的獅子必須站起來向觀眾說幾句話。」

想必在座的很多人都能夠體會獅子們的心情。

⒁出其不意法

為能夠吸引學員的注意，培訓師在開場階段有時可以稍微改變一下表現方式，所取得的效果往往會與眾不同。由此可見，出其不意的表現形式有助於提高培訓師的影響力，並帶給學員煥然一新的感覺。

無論那一種表現形式，只是為切入的主題作鋪墊，出其不意開場法也是一樣，如果無法與主題聯繫在一起，只為了增添花樣，學員是不會給予認可的。

在開課之初，培訓師一句話也不說，只是拿出一個可口可樂的玻璃瓶，接著又拿出一個足球般大小的氣球與可口可樂的玻璃瓶一同放在桌面上，然後面對學員站好，環視一圈學員後，這時才微笑著開口：「請問有那一位朋友願意上台與我玩一個遊戲？」

某學員上台後，培訓師繼續說道：「這個遊戲玩法其實很簡單，就是將氣球塞到瓶子裏去，但不許弄破氣球。」

學員嘗試了幾下，沒有成功。這時，其他的學員提議將氣球放掉氣，該學員一聽覺得是個好主意，趕緊按照該方法嘗試，這下可輕而易舉就將氣球塞到瓶子裏去了。

培訓師見畢，鼓勵學員說道：「做得非常好，這不失為一個好的方法。但如果我要求你不能將氣球放掉氣呢，你又如何做得到？」該學員一時被難住了，手足無措地站在那擺弄氣球，卻怎麼也無法將氣球塞到瓶子裏去。其他學員在下面七嘴八舌地議論，卻也沒有想到一個萬全之策。

培訓師看到這樣的情況，沒有作任何指示，只是神秘地笑了笑，然後拿起玻璃瓶使勁往地上一摔，「砰」玻璃瓶被摔得七零八散。學員們一時都反應不過來，不知培訓師葫蘆裏賣的是什麼藥。

這時，培訓師不慌不忙地說道：「我們今天的培訓課程是《管理組織變化》。現在我就假設玻璃瓶代表組織，氣球代表你們，如果組織發生變化，您們該如何應對呢？通過剛才的遊戲您們得到什麼樣的啟示呢？」

吸引學員的培訓開場法還有很多，如講述新聞式、讚揚學員式、名言式、詩詞式、實物式等等。

總之，培訓師只有根據具體語境靈活、創造性地運用最恰當的方式，才能創造出贏得學員的開場白。開場白的方式多種多樣，培訓師不必拘泥於某一種形式，而應充分利用自己的優勢進行自我宣傳。培訓師還可以利用各種視覺和聽覺輔助工具。培訓師的話題不必受時間和空間的限制，可以自由地在過去、現在和將來的時空中穿梭，當然這些應儘量控制在簡短的篇幅中。培訓師可以從任何相關的背景中提取信息。

心得欄 ------------------------------

第 12 章

培訓師說服學員的訣竅

如果整個培訓過程中，培訓師的講授內容都不具說服力，就好比一幅尚未著色的草圖一樣，整個培訓將黯然失色。試想，培訓的目的或者是想改變學員的觀念，或者是想增強學員的知識，或者是想提高學員的技能。如果學員未能將課堂的理論知識付諸實踐，這一切將流於形式。所以說，培訓師講授的內容不具說服力，無法說服學員在培訓後將所培訓的內容運用到工作中，整個培訓將是失敗的。

為使學員接受培訓的內容，並採取相關的行動，很重要的一點就是培訓內容必須針對學員的需求。當說服的內容已經解決了，還必須解決的問題就是說服學員接受，並採取行動的形式。我們知道，有時候「怎麼說」比「說什麼」更重要。

從影響學員接受培訓師講授的內容和是否能夠採取行動的因素來看，主要有以下幾點：

· 學員是否聽到了

· 學員是否看到了

· 學員是否感覺到了
· 學員是否理解了
· 學員是否相信了
· 學員是否會做了

當學員運用多重感官(聽覺、視覺、觸覺)去學習，其效果會事半功倍，但這還不足夠，還必須真正理解了，並相信培訓的內容對自己富有價值和意義，而且具有可行性，才會採取行動。

因此，培訓師要想增強授課的說服力，促使學員將講授內容付諸實踐，就必須從提高這方面的效果來採取相應的措施。

訣竅一：現場演示

「眼見為實，耳聽為虛」是人們的普遍心理，同時也說明了通過視覺傳播授課內容對增強說服力的效果：一個簡單的示範可以賽過千言萬語。現場演示使整個過程更具直觀性，也更生動，更富吸引力和說服力。

現場演示的效果如此大，就在於眼見為實，親眼看到過程，看到結果，那還有什麼可以懷疑的呢，再沒有比這更有說服力了。因此，這一技巧在很多企業推廣產品中也得到廣泛的應用。

正因為現場演示技巧具有很強的說服作用，許多培訓師在培訓當中傾向於採用這種技巧來增強講授的說服力。

正如下面的例子中，如果培訓師只是不斷地向學員強調信念的重要性，相信大多數人只會抱著「可信可不信」的態度，但培訓師通過現場演示，從學員觀看演示後所給予的掌聲就說明培訓師所講的話已經得到了學員的認可。

公司在展示會上的安排別出心裁，一開始主持人邀請一位觀衆打開烤箱的開關，並把它調至某個特定溫度。主持人拿出一卷玻璃纖維，用它把冰淇淋包妥，放進烤箱，旁邊又放入一個準備開始烘烤的櫻桃派餅，接著又燒了一壺咖啡，也同樣用玻璃纖維包好，放進烤箱旁的一台冰箱。

主持人繼續介紹產品，好像把烤箱、冰箱裏的東西全都忘了。待到了預定的時間，主持人先打開烤箱，端出烤得香噴噴的櫻桃派，接著從纖維玻璃中取出冰淇淋，它們和原先一樣，沒有絲毫融化，像石塊一般堅硬，之後又從冰箱中取出咖啡，取下玻璃纖維材料，倒出來的咖啡仍熱氣騰騰。

在場的人都驚呆了，都不得不歎服這玻璃纖維的無可比擬的絕緣效果。

又如，一次培訓課程上，一位培訓師別出心裁地進行「現場演示」：

他請全部學員將身上所有的錢掏出來，然後進行統計，結果顯示：總數的 80%的金額來自班上 20%的學員的身上。對於這樣的統計結果，全班的學員大吃一驚，但不得不信服，因為自己看到了過程，看到了結果。而這樣的方式可要比數據列舉更具有說服力。

培訓師強調信念對個人成功的重要性：「只要你認為你行，你就行。」當時，許多學員聽了培訓師這話都不以為然地搖頭了。培訓師見狀，於是拿出一塊厚度約為 0.5 釐米，面積約為 20 平方釐米的木板，問學員：「大家認為一個文弱的女子有沒可能將這塊木板劈開呢？」有人認為可以，有人認為不可以，衆說紛紜。培訓師聽後，不慌不忙說道：「信念是很重要的，如果你抱有你一定能將這塊木板劈開的信念，你就一定能將木板劈開，即使你是一位文弱的女子。下面我們請一位女學員為我們示範一下。」

當時許多女學員都覺得這是件不可思議的事情，但在好奇心的驅動下又躍躍欲試，最後，一位女學員在培訓師的鼓勵下走上了講台。剛開始，這位女學員對自己能否劈開木板，一點把握都沒有，因此在出手時也是縮手縮腳，一掌打過去，木板仍然完好如初。但在培訓師的不斷鼓勵下，自己也在不斷為自己打氣，漸漸地越打越起勁，越打信心越足，正當台下的學員緊張得大氣不敢喘一口時，「啪」的一聲，木板一劈為二，全場響起熱烈的掌聲。

如果產品沒有具備自己吹捧的優勢，精明的推銷員是不會通過現場演示自暴其短的。就是說，如果你自己對現場演示的結果能否達到自己預期的效果全無把握，千萬不要嘗試選擇這樣的說服技巧。正如前面所舉的事例，如果所有的錢的統計的結果與「二八原則」有所出入，如果女學員無法劈開木板，現場演示的效果將適得其反，不但達不到說服學員的效果，而且你自己很難圓場。

訣竅二：要先說服自我

在著手說服對方的時候，我們應先做好一項準備，就是在說服他人前，首先要說服自己。不過，許多培訓師並不重視這一點，認為只要自己說出來有人信服就行了，說服自己其實還不是想找到說服他人的方法？這種認識是片面的。試想，一個連自己都說服不了的人，如何能成功地說服他人呢？再說，我們必須在說服他人之前說服自己並非僅僅是在尋找方法，更重要的，我們通過說服自己增強了說服他人的信心以及激發了說服他人的熱忱。

按照一定的步驟來看一看說服自己的技巧：

⑴設身處地為對方設想

在這一階段，我們如何才做得徹底呢？大致應該從以下幾個方面去實行。

①明確：到底為了誰？

說服學員並不是為了自己，而是為對方著想：可能是為了對方轉變觀念、提高工作績效、解決實際問題等，如果心中有如此的自覺，認為「那是再自然不過的事了」，你對說服他人便有了幾分把握。

②站在對方的立場來考慮。

在說服的過程中，可以假設自己是要被說服的人，站在對方的立場上，想一想怎樣的主題、什麼樣的內容、採用什麼樣的表達方式才容易被學員接受，以及學員為什麼會接受。

不要認為這樣的假想是毫無意義的，你考慮得越週全，你就越清楚那些資訊是對方最願意接受的，那些表達資訊的方式對方最易理解。正如前面所提及，如果你自己都說服不了自己，那你憑什麼去說服學員？

⑵「消化」說服內容

說服學員之前，我們一定要「消化」自己將要說服的內容。如果你不能徹底理解說服的內容，你的說服將是蒼白無力的，而且很難做到切中要害，甚至會發生前言不搭後語的弊病。這樣等你真正開始講授時，學員一定會聽得滿頭霧水，當學員提出質疑時，你很有可能被問得啞口無言。如果對方無法理解你所說的一切，那麼你想成功地說服學員採取行動，無疑就是癡人說夢了。

如果你能充分理解自己的說服內容，那麼自然就擁有足夠的說服能力和自信了，並在無形中，轉化為果斷、堅決的魄力，讓對方不由自主地仔細聆聽，甚至接受你的觀點。

⑶傾注熱情

僅僅理解內容還不足以說服對方，還必須傾注我們的熱情。當我們說服學員的慾望越強烈，說服他人的熱情就越高。這種熱情除了能直接增加說服力外，也能幫助我們更深刻地理解說服的內容。此外，它還可以刺激你的靈感，提高你隨機應變的能力。

哥倫比亞大學舉行演說比賽，參賽的有六位大學員，他們對於這次比賽都非常重視，各自都做了充分的準備，在比賽的前一刻，個個摩拳擦掌，急欲將自己所準備的很好地表現出來。但是除了一位之外，他們的目的只是為了得到獎章，並沒有真正想去說服別人。他們對於自己所演講的主題並沒有抱有足夠的信心與興趣。因而當這五位選手講演時，聽衆感覺他們並不是在講演，更多的是在進行展示自己的練習。

只有一位例外，就是在該校讀書的非洲蘇魯王子，他選的題目是「非洲對於現代文明的貢獻」。他將其真切的情感融入每一字每一句裏，他是帶著對非洲、對人民的熱愛而進行演說的，他的演說並不僅僅是練習，而是真切地想說服聽衆。所以當最後評定時，所有的評審一致主張把獎章頒贈給他，儘管大家認為他的修辭稍遜於其他五位演說者，但他的演說具有活力，與他真摯的演說相比，其他參賽者的演說只是空談，他們並沒有帶著堅信和激動的心情去講，因此激不起熱情與動力，所說的自然毫無生氣可言。

為了讓自己充滿熱情，培訓師應該如何做才好呢？我們來看以下三點：

①切身體會自己講授內容的效果及效用。

②在心中反覆默誦講授的內容，不要擔心內容無法帶給學員好處，在內容已經確定下來的這一階段，必須朝積極的一面去考慮，不斷增強自己說服他人的信心。

③即使你覺得自己的說服內容尚存在許多不妥善之處，也應盡力找出其中的可取之處。

確定並理解了促使學員採取行動的說服內容，而且也擁有了高度的熱情之後，接下來應該考慮如何表達才能讓學員欣然接受。這時，培訓師應該抓住內容的細節和描述的要點，力求自己口中說出的言語淺顯易懂。連自己都會弄混的表達方法，要想讓學員理解並接受，根本是不可能的。所以我們必須弄清楚一點，想表達的語句必須做到自己能夠理解，才可能被學員所接受。

另外，還要注意的是，絕對不可顯得無主見，語氣模棱兩可，在每句話之前加上「我覺得」「或者」「我的意思」等，好像對自己所講的是否正確缺乏自信。這些怯懦的字句，將會減弱自己講授的說服力。

訣竅三：用工具說話

大多數培訓師的課程中都包含大量的概念、數據，如果這些抽象的內容完全憑藉培訓師一張嘴來講，即使培訓師在表達的時候，表情是多麼豐富，聲音多麼動聽，效果總是有限的。但是若借助輔助工具，把這些抽象的概念、數據以多種直觀、形象的形式表現出來，從視覺上增強效果，就可以提高授課的可信度。

使用輔助工具時，培訓師必須遵守以下的步驟：

(1)瞭解視聽輔助工具

凡是選擇增強講授內容說服力的任何輔助工具，都要在正式講授之前充分瞭解如何操作。每次都要攜帶一些講義之類的輔助資料以做後備，或準備好不用任何視聽輔助講授。

⑵選擇輔助視聽工具

當培訓師在選擇不同的輔助工具時，不妨多嘗試各種不同的類型，再決定那一種是最適合課程使用的。請根據以下的變數來選擇你的視覺輔助工具類型：

①培訓時間的長短。

②聽衆的多寡，務必讓所有的學員都能看到、聽到你的視聽輔助工具。

③培訓課室的配套設施。

④培訓的主題。

⑶準備輔助工具

輔助工具都需要相當多的準備工夫，不過書寫板可以較快豎起，反覆使用，而多媒體則需要較長時間準備。一般來說，輔助工具的難度越高，需要的準備就越多，而你的準備越多，你就越熟悉輔助工具的使用，出錯的機會就越少。

⑷使用輔助工具

在開始使用輔助工具進行講授時，先預留充裕的時間讓學員看完螢幕的資料。講授時，站在輔助工具的左側，以左手指著螢幕上的資料（指在句子的開頭處），面對學員進行講授。

要知道，輔助工具主要用來增強學員的視覺效果，輔助學員理解課程，不是用來輔助授課的培訓師，所以，培訓師都必須有這樣的心理準備：在沒有輔助工具的情況下，仍能夠自如發揮。

訣竅四：事實勝於雄辯

要想清晰地說出自己所要傳達的觀念，使自己的說詞兼具趣味性和說服力，最理想的方法就是舉出實例來予以印證。

有的培訓師在上培訓課時儘管使出混身解數，搬出一個又一個的權威理論，講得口乾舌燥，但在講台下的學員對此好像一點也不感興趣，都是一副心不在焉的樣子。這是為什麼呢？

在談到成人學習特點時曾經說過，由於生理和心理原因，成人學習與青少年的學習有很大的不同，成人自我意識強烈，他們不會再接受小時候那種「照本宣科」的學習模式。如果只是純粹地講理，他們當然不會買你的賬。

如果在講授的過程中，穿插許多精彩、真實的實例，不僅學員在聽的時候會全神貫注、興致盎然，而且能幫助培訓師提高授課的說服力，因為「事實勝於雄辯」。

主要的實例素材可以從以下幾個方面考慮：

(1)案例

所謂「案例」就是對已經發生的事實的描述。案例必須是某一種現象，或是有代表性的事件，包括一些名企案例。

案例教學法是當今流行的培訓方法，是指培訓師根據培訓目標，圍繞問題，要求學員對某一案例進行討論和分析。這一方法可以很好地提高學員思考問題、分析問題和解決問題的能力。

例如，在講授職業生涯規劃與個人發展的培訓課程時，引用美國電話電報公司的職業生涯設計與開發案例；在講授人力資源戰略管理培訓課程時，不妨引用海爾集團的人力資源戰略管理案例；在講授企業文化的培訓課程時，可以帶著學員「走進聯想看文化」……

通過案例分析，幫助學員進一步思考：在這個案例中，我該學習什麼？我應該怎麼做？……

⑵親身經歷的事實

在授課的過程中，培訓師應該多給學員講述親身經歷的一些事實，因為是自己親身經歷的，體會特別深刻，所以總能講述得繪聲繪色，讓學員有身臨其境之感，起到很好地說服學員的作用。

⑶發生在他人身上的事實

在授課的過程中，培訓師也可引述發生在他人身上的事情，如果培訓師對學員很熟悉，也可引述發生在學員身上、週圍的事例，這對學員來說，這樣的事例是其他的表達方式所無法比擬的。因為這事或者是自己親身體驗過的，或者親眼目睹了整個事件的發展進程。當培訓師引述這樣的事例時，很容易引起學員的共鳴。

一般人對自己的小事比對任何身外重大事件都關心。有人認為：人們對自己的刮鬍刀片鈍了，刮不動鬍鬚，比某處飛機失事更牽動他的神經；他聽你談他自己的光輝歲月，比聽你談歷史上的偉人事迹高興十倍。所以在授課時，培訓師應該多引用發生在學員當中的一些事例。

當然，為活躍課堂的氣氛，增加事例的說服力，培訓師可以請學員談談自己親身經歷過的事情。在一次「時間管理」的培訓課程上，培訓師請學員就「如何管理時間，追求均衡的人生」這一觀點談談自己經歷的一些事件。有一位學員談到自己因為過於專注於事業，而幾乎沒有時間陪伴在自己母親的身邊，不久之前，自己母親去世了，自己為沒有盡到一個兒子的本分而感到萬分的遺憾。說完，在座的學員無不動容。

某培訓師在講授「客戶意識與客戶服務技巧」的培訓課程時，曾談及其在某日本便利店買了一個變質蛋糕的事：

那時我還在日本企業工作。有天晚上，因為加班，我走得比較遲，從公司出來時，已經很晚了，於是，我走進一家便利店買了一個小蛋糕拎了回家打算作夜宵，可是我回到家一看，卻發現蛋糕已經變質，心想變質就不吃，扔了就算了，並沒有將這一件事往心裏去。

事隔幾天，我又到那一間便利店去買東西，在付賬時，順口說道：「前幾天，我在你這買了一個變質的蛋糕。」聽完我的話，店員非常驚異，對我說道：「先生，非常抱歉，請您稍等會。」說完，我還沒反應過來，就見她「噔、噔、噔」跑到隔壁的店長辦公室去。

不一會兒，店長出來了，手上拎著一個禮盒，走到我跟前，鞠躬說道：「先生，對不起，因為我們的疏忽，給您添麻煩了，這是我們的心意，請您收下。」我一看，禮盒內裝有五塊蛋糕。這下，我可愕然萬分了。

由始至終他們沒有見到那塊變質了的蛋糕，沒有質問過我一句話。但我隨口一句話，不僅領回了我買蛋糕的錢，還獲贈了五塊蛋糕。

說完，培訓師詼諧地說道：「大家認為我以後還會到這家便利店買東西嗎？是的，經常光臨，因為我還希望再買到一塊變質蛋糕……但我再也沒有撞上這樣的『好事』。」

說到此，學員無不發出會心的笑容，並感觸頗深。

訣竅五：善於「借用」

有一個鄉下孩子，每一次他的父親將羊趕出羊圈時，他就喜歡拿著棍子橫阻在羊圈門，看羊跳過棍子取樂。

前面幾隻羊跳過那根棍子之後，他把棍子拿開，但後面所有的羊走到門口時，仍然要跳一下那假想的橫棍。

它們所以要跳一下的唯一原因，是因為前面的羊跳過了。

羊群有這樣的傾向，我們人類很多人也有這樣的傾向，去做別人所做的，去信別人所信的，去毫無疑問地接受名人所述說的。

所以，當培訓師借用一些專家、權威的名句，具體化的統計數據，往往能夠增強授課的說服力。

下面著重談一下如何借用具體化的統計數據。

統計數據就是各種統計、調查得出的數字和結論。由於這些數據多是由科學的方法整理出來的，所以可信度較高。

在闡述一些難以理解的概念和問題時，用數據加以說明，可以幫助學員理解這些內容。

在「電話營銷技巧」培訓課程上，培訓師為了強調電話主動營銷的可行性，借用了某公司電話營銷及傳統營銷的數據分析。培訓師講述：

「這份表格是公司對員工 14 天的銷售業績進行了跟蹤而得出的，這裏的業務員 1 和業務員 2，是目前××公司銷售業績最好的，其他業務員相差得要遠得多(平均可能相差 5～10 倍)。

「由於呼出員是『做一休一』，即做一天休息一天，而業務員是幾乎每天(除週六、日)都在跑，所以日期是採用 2 天一算。

「同時也要申明，這裏的業務員 1 與業務員 2 銷售方式是採用上門推銷及自己打電話推銷相結合的銷售方式。

「這裏我們可以清楚地看到，呼出員 A 的總業績是業務員 1 的 226%，是業務員 2 的 241%，而經驗略有不足的呼出員 B 的總業績也是業務員工的 133%。

「從總體來看，呼出員的平均業績是業務員的 185%。

「從『訂購金額』和『成交訂購單數』來說，呼出員與業務員相比具有明顯的優勢，而『平均訂單金額』則兩者相差不多。將呼出員與業務員的業績進行對比，可以看出，基本上呼出員每次的訂購金額都是高於業務員的。

「可以看出，2 個呼出員的完成訂單總業績幾乎是 2 個最好業務員的 2 倍。」

最後，培訓師總評：「從上面的數據我們可以清楚地看出，電話主動營銷具有的強大生命力。」

第 13 章

培訓師如何控制培訓現場

影響課程品質的主要因素有：培訓的環境、課堂的秩序、授課的時間、基本的設施、師資的水準等。

這裏所指的課堂秩序，例如，師生各自的責任、義務，課堂紀律的維護等，均應該用合約、制度進行明確：

一、輕鬆備課十二步

1. 思考本節課的目的

培訓師講話的目的是傳播信息，還是取悅或者說服聽眾，或喚起聽眾的行動？每一場培訓都會有自己的主題和存在的理由。備課之時，培訓師應再次重溫自己的邏輯脈絡(見圖 13-1)：

圖 13-1 培訓師備課時的邏輯脈絡

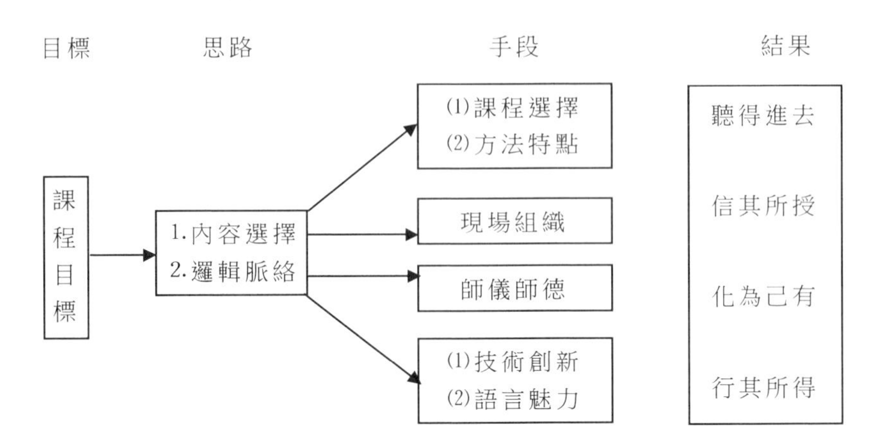

2.分析學員

記住瞭解你的學員及他們的興趣、態度、目標和性格，談論他們知道的和他們關心的話題，如此你就已經向令人印象深刻邁進了一大步。當然，偏離課程的「媚眾」是斷不可取的。

3.收集足夠多的材料

俗語道：「給人一杯水，就要準備好一桶水。」其內涵，一是要提高可能容量和深度，充分準備教案，不至於出現信息枯竭的尷尬局面。

4.精確概括演講目標

這是重點所在，一般可用「標題」的形式概括。在培訓過程中，要不斷重溫這一綱領性的句子，以確保不偏離總體目標。

5.制訂課程提綱

提綱中你應把觀點精簡成兩三個主要句子或關鍵性段落，並按照最令人信服的順序排列。推薦的提綱模式是「總——分——總」。就是先鮮明地提出觀點，然後進行分述，分述過後用簡練的語言進行總結式復習(參見表 13-1)。

表 13-1　五段教學法下的教案樣本

教學過程	課時分配(45分鐘/節)
一、教學組織(建立良好的課堂秩序)	2分鐘
二、檢查提問(檢查作業，回答疑難)	8分鐘
三、講授新課	25分鐘
四、鞏固新課	7分鐘
五、佈置作業	3分鐘

6. 添加論據

用各種各樣的釋義、論據、事實、實例和故事來填充課程提綱，使你的主要論點有說服力。

7. 準備視覺教具

如運用得當，視覺教具自有其效用。

8. 精彩開場

開場白可以是任何有創意的形式，它將奠定人們對你的第一印象，吸引人們仔細聆聽你的講課。不要把驚人之事放到最後，抓住人們的心，越早越好。

9. 控制演講時間

我們每分鐘大概可以說 200 個音節，根據說話的速度，每 3 張雙倍行距列印出來的文章需要講演 5 分鐘。要建立最後 5 分鐘時的提示機制，儘快安排剩下的 5 分鐘收場鋪墊。

10. 完美收場

濃墨重彩全力推出結論，即使最終只不過是在總結主要的觀點而已。

11.制訂出最後需要明確的事項清單

準備工作的一個關鍵方面是準備和控制培訓環境。為了避免上台前最後一分鐘時出現問題，培訓師必須確保照顧到了所有的細節，例如：

⑴培訓場所的視覺教具的配備和燈光、座椅擺放。

⑵決定你將要穿的衣著。

⑶你的課件復查。

12.培訓師底蘊是上好一堂課的關鍵

這是厚積薄發的一步，也是長期修養的零星提取。古人所說「腹有詩書氣自華」就是厚積薄發的真實寫照。總之，滿腹經綸蘊於內而發乎外，何愁登台無神！

二、主體控場

1.學習注意力曲線

圖 13-2 學習注意曲線

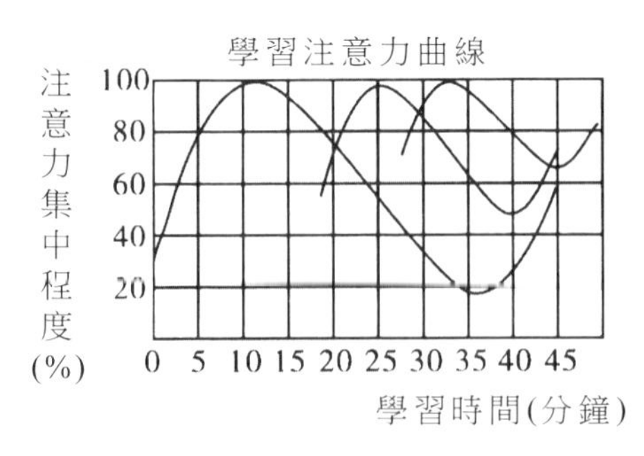

一般一節課標準時間為 45 分鐘，在從小到大的學習過程中都是如此，所以培訓師在培訓的適當階段應適當安排學員休息或走動，以

加強培訓的效果。

在 45 分鐘的培訓過程中，開頭的 5 分鐘是最難掌握的，大家的注意力難以集中，所以開場白是關鍵，如果開場白能精彩吸引人，則能迅速提升學員學習興趣，帶動注意力的提升。

第 6～15 分鐘，學員才會慢慢地進入狀態，開始配合培訓師做眼神的交流了。

第 16～20 分鐘，成年學員開始疲勞，注意力分散，這個時候培訓師要及時地抖包袱，做個遊戲或拋個笑話，將逐漸下降的注意力迅速再次提升。

第 21～40 分鐘的時候，注意力再次集中。培訓師可以講一些重點的或者是文字記錄類的知識。

最後的 5 分鐘，也是最關鍵的時候。人們的注意力又下降了，這個時候也是最看培訓師教學功力的時候了，如何收場和如何開場一樣的關鍵。

具有豐富授課經驗的培訓師都會懂得，當學員注意力有下降趨勢的時候，適時插入一段深具吸引力的話題、故事、案例或遊戲，能重新喚起學員的興趣與注意力。

2. 主體控場四策略

⑴目光的控制

眼睛是心靈的視窗，培訓師在培訓課堂上的表現，都會通過眼神傳遞給學員相應的信息。每次培訓面臨的場合、對象都不一樣，也許參加這場培訓的學員水準是不如你的人，你發揮得很好；也許台下是比你更優秀的人，你便失去自信，大失水準，目光不敢與學員接觸了。優秀的培訓師在台上要做到「目中無人」，當然還要做到「心中有數」。目中無人，不是自大，而是自信，那是來自內心的果敢，從眼神中傳達出戰無不勝的自信。同時一定要做到心中有數，把握自己的「度」，讓學員信服，而不感到你是在誇誇其談。

培訓師的眼神在環視全場之後要時刻關注學員，不要看天、看地、看著某人某物，在學員較少的情況下，和學員目光相遇的時候要稍作停頓，不要立刻移開，而是用定視目光交流一下，傳遞你的信任、感謝或者問候。如果不敢直面學員的話，那麼就注視學員的眉心，讓他感覺你在看著他。不要讓自己的眼睛遊離於學員間，這樣傳達給學員的感覺是，心慌不自信。學員會認為：你自己都不敢相信的東西講給我們聽不是更不可信嗎？

⑵聲音的控制

聲音是傳達培訓師情緒的工具，如果培訓師的聲音顫抖說明培訓師或者緊張，或者激動，或者悲慟，或者憤怒，當然因顫抖程度的不同而不同。

⑶動作的控制

在一個陌生的培訓場合，學員對培訓師十分陌生，學員在接受培訓的時候就會對培訓師講的內容產生懷疑，這樣會使學員私下議論，使會場的環境變得混亂無序。這時動作的控制不失成為一種改變的方法。例如：開始培訓前，用雙手示意場上安靜。當培訓師在台上的時候，講著講著忽然揮手示意，讓學員活躍，這一系列的動作都是控制場面的方式。正如歌星在開演唱會的會場上，歌手大幅度誇張的動作特別的多，例如向聽眾獻飛吻，將花拋給聽眾等這樣的動作讓現場的氣氛不斷掀起高潮。當然，培訓的動作和演唱的不一樣，建議每個培訓師都要有幾種屬於自己的動作，可以隨時用動作激起現場的氣氛，控制現場的局面。

⑷內容的控制

控場和內容有什麼關係呢？內容是一次培訓課程的核心，在培訓過程當中會用到各種事例和數據，要根據學員的不同情況適時調整培訓內容。

有些培訓師不注意學員的反應，高談闊論、長篇累贅的報告式培訓讓下面的學員心不在焉，有的甚至開始睡覺了。這時候作為培訓師，就應該改變方式或者改變話題，如果依舊繼續講下去，場上的學員就會越來越少，越來越沉寂。培訓師要隨時根據場上的情況調整個人的演講內容。

一名好的培訓師，首先是一名好的控場者。學會掌握控制場上學員的技巧，相信會讓大家受益頗多。

三、話語提醒

在講課進行了一段時間後，作為培訓師的你可能會發現你的學員開始發生變化，他們不再象一開始那樣坐得規規矩矩了，你會聽到一些椅子挪動、小聲說話的聲音，這些跡象都表明你的學員開始分散注意力。這時你很有必要給予他們一些刺激，讓他們把注意力重新轉回到你的身上。這時，一些提醒的話語就有妙不可言的作用。

當你「現在我來總結一下」，「下面要說的內容很重要」這些字眼的時候，通常你的學員都會突然睜大眼睛，開始集中精神。因為你的話表示接下來他們會得到一些重要的資訊，他們當然不會錯過這一個好機會。

對於那些偶爾走一下神的學員，只要你微笑著說，「請大家注意」，「請大家專心聽講」，大多數人會立刻改變他們原來鬆懈的狀況，因為他們不希望被你知道他們曾經在開小差。但是這種方法對於一些故意製造麻煩的學員不會產生多大的效用。

如果你不知道學員的真正需求，你甚至可以主動徵詢他們的意見。如果有可能，儘量滿足他們的要求，這樣做能提高的激勵效果。

四、幽默調劑

幽默的定義是不能下的，這是使人發笑的一種主要元素。

沒有人會不喜歡幽默風趣的語言。在學員聽眾悶悶不樂、目光暗淡、東張西望時，你說上一則幽默所引起的笑聲，能刺激學員肺部活動，促進血液循環，激發學員的情緒。在笑聲中，學員與培訓師的心理距離會迅速縮短。當他們更加信任你時，他們也會更加願意聽你的聲音和你講的話。

讓學員發笑，有很多種方式：故意誇張，說反話，故意製造有趣的錯誤等。幽默的材料可以是事先準備好的，當然你也可以臨時構思，根據現場的情況借題發揮。

某一次銷售培訓課上，大部份學員都在聽講，但有幾個人總在竊竊私語，老師曾幾次用目光提醒這幾個學員，可是他們卻依然如故，於是培訓師看著他們笑著說：

「我與這幾個同學真的很有默契，他們說話的時候，我就不說了；他們不說話了，我又接著說了。」培訓師的話當即引來哄堂大笑，其他學員都扭頭去看這幾個人，那幾個竊竊私語者意識到了自己的不對，連忙抬頭聽課，後來，他們甚至比其他學員更認真地聽講。

為使幽默更好地發揮激勵效果，以下兩點是必須注意的：

不要提前告訴你的學員:「下面我要說一則笑話」,意外的幽默才會產生好的激勵效果;

也不要試圖用誇張的身體語言去逗人發笑,那樣你會變成演員,而不是培訓師。

記住:培訓師說笑話時,自己不要笑。

五、現場應變八項技巧

雖然在培訓前已經做了大量的準備工作,但當培訓正式開始後還是可能會出現一些意想不到的情況或失誤,例如思維短路,暫時忘了你最熟悉的東西,或者不小心講錯知識點,遭到別人指責等。如果經驗不足,對於這些小錯誤處理不當,會嚴重影響課堂效果。

那麼,如何做到心裏有數,處變不驚呢?這就要求培訓師事先能夠預見這些能給人帶來麻煩的問題,掌握隨機應變的對策和方法。一般來說,培訓現場容易出現的問題有以下幾個方面:突然忘記台詞,說錯話(字),氣氛比較沉悶,遇到故意挑釁找茬者,遇到行家裏手,現場秩序混亂,學員總有質疑,時間到而話沒說完等。那麼一旦出現這些情況,培訓師應該如何應變呢?

1. 忘記台詞

不小心忘了台詞是常有的事,有時是思維短路造成瞬間記憶障礙,有時是話題扯遠了不知講到那,不管出現那種情況,都需要培訓師從容應對。

有位教授在台上授課時,突然忘記了該如何往下進行,他怔怔地在講台上站了幾分鐘,然後尷尬地對學員說:「對不起,這個題的內容想不起來了。」誠實的態度令人欽佩,但他遺忘的習慣及應對遺忘的處理方式卻怎麼也無法讓人接受。

如果遇到這種情況，培訓師既要面對現實，又不想在學員面前丟掉面子。該怎麼辦呢？最好的方法是將壓力轉換給學員，讓學員來回答這個問題，或者乾脆讓學員討論這個問題，這樣既可爭取時間回憶你暫時遺忘的內容，又可以在學員討論或回答中找到線索。這樣做可以一箭雙雕：既解決了問題，又保全了面子。

2.說錯話(字)

有過豐富經驗的培訓師大都有這樣一種體會：在培訓過程中常常會鬼使神差地心口不一，說錯話(字)的情況時有發生。如果培訓師立刻停止培訓說「哎呀，對不起，我說錯了，應該是……」，或「對不起，我講錯了，我重講，行不行？」這樣不僅會使聽眾非常掃興，也會打亂培訓師的思維，不利於整個培訓的順利進行。

當說錯話(字)時應該採取什麼樣的應對措施呢？一般來說，如果培訓師說錯的話(字)對培訓的內容或主旨影響不大甚至無關緊要，培訓師完全可以不予理會；如果培訓師說錯的話(字)嚴重影響了培訓內容或主旨，甚至已經使意義大相徑庭，培訓師就應採用巧妙的方法認真對待，按照正確的說法把剛才說錯的話再講一遍，不過要加重語氣、減緩語速，緊隨剛才的錯話之後再增添一句設問句，以自問自答的形式自圓其說。

例如有一位培訓師在講授課程中舉例「我最尊敬的一個人」時本來想講某人身殘志堅，可是由於心理過度緊張卻說成了「身殘志不堅」，話一出口培訓師立刻意識到說錯了，於是他補充道：「各位，他真的是身殘志不堅嗎？不，他像眾多的殘疾朋友一樣闖出了一條屬於他自己的身殘志堅的成功之路。」巧用停頓技巧使語義產生逆轉，也就是說在錯話之後稍加停頓後，再增添一個疑問句，從而使語義恢復正常。例如：我們能夠這樣做嗎？難道這樣的想法是正確的嗎？

3.氣氛沉悶

有時會遇到學員打瞌睡、走神。其實，走神的學員也就一兩個人，其他人都在聚精會神地聽，如果培訓師做了提醒的多餘動作，反而會使得所有的學員都走神。學員偶爾走一會兒神是正常的，面對這種情況，不要管他，繼續講你的就是了，因為要讓所有人都聚精會神，也是很困難的事。

有時，課堂上有手機鈴聲響起，培訓師高聲制止，似乎是表現了一種威嚴，其實，這樣做並不聰明，等於破壞了自己的教學計劃，培訓師應該更具備抗干擾的能力。學員交頭接耳，也是好事情，他聽得興奮時當然想和別人交流一下。有的學員課上睡覺，培訓師也可以大方一點，只要他別打呼嚕就行。當他小睡一會兒後，一旦恢復精神，聽講可能更認真了。所以，培訓師千萬不要太在意個別學員的這些不良表現，泰然處之即可。當然，有經驗的培訓師也可以適時地拋出個笑話或做個遊戲，來及時化解沉悶的課堂氣氛。

4.挑釁找茬

培訓師的職業生涯中如果從來沒有遭遇到挑釁找茬的人，那反倒奇怪了，遇到這樣的情況千萬要冷靜。有時候，應該認為挑釁找茬是一件好事，當學員把一個球踢過來的時候，你如何接球？這也需要一種教學技巧。人無笑臉莫開店，人無肚量莫講課。碰到挑釁很正常，坦然面對就是了。

威爾遜在競選英國首相時，遭遇到了一個搗亂分子的挑釁，搗亂分子高叫：「狗屁！垃圾！臭大糞！」這個人氣焰囂張，辱罵威爾遜的競選演講臭不可聞、不值一聽。威爾遜不為所動，對他笑了笑，說：「這位先生，我馬上就要談到你提出的環境髒亂差問題了。」聽眾爆發出掌聲和笑聲，為威爾遜的機智幽默喝彩。

5.行內高手

山外有山，人外有人。有時候培訓師也會遇到真正的行家裏手，也許他的經驗比你更老道，他的學識比你更深厚，甚至他的思維比你更清晰，而你和他都站錯了位置：你水準不及他卻站在了老師的位置，他水準比你高卻站在了學員的位置。如果你打腫臉充胖子，硬要把局面撐下來，對方會在恰當的時機抓住你的漏洞，提出刁鑽的問題會像波浪一樣將你擊倒。

遇到高手怎麼辦？正所謂不打不相識，這時你就可以教學互動了。因為真正的高手都不是惡意挑釁，只是點到為止。此時互相尊重，讓他把高招亮出來，作為大家共用的資源。比較明智的做法是將對方請上台，讓他講述自己的成功經驗，這樣既滿足了對方的表現欲，又保全了你的面子。你可以說：「××在行業內是一位頗有見地的專家，待會兒我們請他上來，跟大家一起分享他的高見。」虛心求教更能體現培訓師的高尚品德。等對方講完後，你再高屋建瓴地加以總結，學員會對你的從善如流留下好印象。

6.秩序混亂

找出根源，以靜制動。有時候，一個問題就可以導致課堂秩序的混亂，大夥說個沒完，一片混亂。怎麼辦？大喊安靜，還是制止不安？這個時候，培訓師千萬不能慌亂，而是看看問題出在那裏，找出「病根」才能對症下藥。

如果實在控制不了局面，那就索性不講了，默默地看著大家，這個時候往往會收到很好的效果。大家都看到你不說話，就會馬上安靜下來，他們會說，老師不說話，是因為我們確實做得有些過了，於是會重新專心聽講。

7.學員質疑

要具體分析，主動引導。有的時候，培訓師講得不一定明白，甚至本來就有不完善的地方，那學員當然會質疑：「老師，不對啊，不應該是這樣，應該是……」有的培訓師遇到這樣的情況，就喜歡固執己見，說本來就是這樣，是學員沒聽明白。但學員並不買他的賬，弄得培訓師下不了台。

其實，學員質疑說明他在認真思考，這是很好的事情。他提出質疑，培訓師就應該具體問題具體分析，如果是他沒聽明白，那就再主動詳細地講一遍給他聽。一般來說，只要培訓課程經過精心設計，要相信自己不會有太大問題，這個時候需要做的是理清自己的思路，引導學員，達成認識上的一致。當然，如果真是出現錯誤，就要儘量鎮定自若和巧妙糾正。

8.時間不夠

無論是因為內容安排不合理，還是培訓時間臨時變更，都有可能導致時間不夠用、內容說不完的情況，這時就應該通過一個總結進行收尾，利用收尾示意聽眾要結束講話，例如「以上的發言是我最近根據公司的運行情況總結的幾點，下面我要講最後一句話來結束我的發言，那就是祝大家再接再厲，在今後的工作中取得更好的成績」。這樣結尾的好處是即使內容還沒講完，用這句話結尾也並不顯得倉促。

六、培訓師不外傳的小技巧

1.讓大家安靜下來的好辦法

讓參加培訓的學員安靜下來是要講究藝術性的。這就需要避免使用一些例如「請留神聽講！」或者「請安靜下來好嗎？」等等刻板的語言。可以選擇一些約定俗成的方式來提醒注意：吹一聲哨，搖幾下過去學校用的上課鈴，利用一個計時器，甚至可以借用例如三角鐵、口琴或者竹笛等樂器。

用手勢代替語言也能收到同樣良好的效果。培訓師僅需用一個與軍人舉起三根手指的簡單軍禮來示意「大家安靜」相仿的手勢來引起大家的注意，然後自會有人把這個訊息傳播開來，讓大家形成一個思維定勢。這樣無論在做什麼事情，當一看到培訓師的手勢便會立即放下手中的事情，安靜地聽培訓師講話。培訓師也可以用答錄機播放一些大家相當熟悉的優美曲子，吸引大家的注意。培訓師還可以製作三個有明顯區別的示意牌，當討論結果出來之後，培訓師就把示意牌放在醒目的地方作為提示。在每次休息或小組討論之後，立即給大家講一個拿手的幽默故事或小笑話。在講故事的時候，一定要把聲音壓得很低，讓全體學員都安靜下來的時候才能夠聽到！哈哈，這是不是個有效的辦法呢？

2. 使新成員儘快地融入集體

在規模較大的培訓或會議中，新來的人常常被冷落在一旁，難於結識其他人，已形成的小集團很難被打破。第一次參加培訓的學員會感到自己完全遊離於集體之外，不是這個集體的一分子。

為了鼓勵參加培訓的人員對每一個人都儘快熟悉，可以先定某人充當神秘先生或神秘女士。在前幾次培訓開始之前或在培訓進行期間做下述遊戲，宣佈：「與神秘人物握手，他會給你 1 美元。」(或者「逢 10 個或 20 個，30 個，與神秘人物握手的人，可以獲得美元」等等。)

如果方法運用得當的話，你的培訓課程就會使玩者感到有趣有效。它對於打破僵局，營造一種溫暖友好的氣氛極其有效。

3.使你的培訓與他們的期望目標一致

培訓開始時，把印有培訓目的和遊戲主題的說明材料發給大家，然後說明培訓的目的和日程，指出培訓的主要議題和次要議題。

請參加培訓的人員讀一下遊戲準備，在他們自己參加培訓的首要目的上打「√」或者畫「○」，這樣你就可以確保他們個人的目的與培訓的既定目標「協調」。(如果參加培訓的人員事先拿到了日程表的話，他們的目的一般都與會議既定目標基本吻合。)如果參加培訓的人員有未被遊戲準備提及的目的，那就請他們把自己的目的寫下來。

如果參加培訓的人員少於 15 個人，那就在他們確定了自己的目的之後，請每個人都陳述一下自己的目的，以及選擇這個目的的理由是什麼。

如果參加培訓的人員多於 15 個人，則把每個目的都讀一下，請他們舉手表決，看有多少人把這個目的作為首要目的。

然後，問一下全體培訓成員是否還有其他目的沒有提出來。如果有，請某位參加培訓的成員提出不在會議既定目標和內容之內的要求。

在這種情況下，首先向他(們)表示感謝，然後委婉地說這一特別提議並不在培訓的既定目標和內容之內，如果你對這一特別議題有些經驗，可以主動提出在休息時間與他(們)就此問題進行討論。如果它不屬於你的專業範圍，詢問一下參加培訓的人員，看看是否有人可以提供幫助，很可能會有一位同行愉快地響應你的這一號召。

4.大家放鬆一下

在參加培訓的人員結束了緊張的活動或討論後，或者被動地接受了一些專業的知識之後，給他們一個放鬆的機會，不失為一個讓你的培訓增加樂趣的好辦法。

選擇一個大家看起來特別無精打采的時候，給他們一種獨特的休息方式(不用咖啡，也不用休息室)。請所有培訓學員起立，在身邊留出足夠的空間，以免在自由揮動手臂時彼此碰撞。

對他們說，他們已經贏得了樂隊指揮的權力，將在隨後的時間裏指揮舉世聞名的費城交響樂團(Philadelphia Orchestra)。你還可以告訴他們，據說模仿指揮是放鬆情緒和鍛鍊身體(尤其是心血管系統)的絕佳方式。然後播放一段樂曲，請他們伴隨音樂進行指揮。

這個小竅門在你精心挑選了曲目的情況下最為有效。我們推薦那些所有人都耳熟能詳的曲目，這樣他們會知道下面的音樂是什麼。選取的音樂應該是節奏明快的，或在速度和音量上有變化的曲子，以刺激人們在指揮時的活力。蘇澤(Sousa)的進行曲或者施特勞斯(Strauss)的圓舞曲效果很好。

5.鼓勵大家參與遊戲

準備一些可以分發給大家當貨幣用的東西，如大富翁遊戲裏用的玩具鈔票，或者撲克籌碼(當然，事先要把紅、白、藍、黃各色籌碼所代表的價值確定下來)。

開列一份清單，把一些對參加培訓的學員而言有潛在價值的獎品分列到清單上面。其中可以包括公司咖啡廳的禮品，價值從免費咖啡到免費午餐不等，或者是一個印有培訓師標誌的牛奶杯子，或者是一本與管理培訓有關的書籍，例如，萊比特· 比特爾和約翰· 紐斯特洛姆的著作《管理者必讀》，或者愛德華· 斯坎奈爾的著作《管理溝通》，或者還有一些富有創意和引起吸引力的獎勵辦法，例如與董事長在經理餐廳共進午餐，或者兩張免費音樂會門票，或者免費打一次高爾夫球。一定要有創意！

告訴參加培訓的學員，你希望他們積極參與，再告訴他們會有那些獎品。如果參加培訓的學員按照你的要求去做了，你就毫不吝嗇地將鈔票或撲克籌碼當場獎勵給他們。

然後，待這種遊戲模式建立起來了之後，你可以通過追加獎勵品或者為某種行為(如分析式反應與機械式反應)頒發團體獎(每人發幾美元)的辦法來進一步鼓勵大家踴躍發言。

會議結束時，給參加培訓的學員幾分鐘時間流覽一下他們的「所獲獎的清單」,「購買」他們想要的東西。

6. 讓你的學員振作精神

幫助參加培訓的學員在午飯後振作精神，準備一些關於培訓議題的問題(一張卡片上寫一個短小的問題)。

把培訓室按照你最喜歡的方式佈置好，在每把椅子旁都留出足夠的空間。在遊戲開始前，把所有多餘的椅子都搬出去，另外再多搬出去一把椅子。然後，給參加培訓的學員描述一下遊戲規則，在你播放節奏明快的音樂時，讓他們繞著房間走動，20～30 秒之後，音樂停止。這時參加培訓的學員可開始爭搶椅子，然後給那個因為沒有搶到椅子而站在一旁的幸運兒一張卡片，請他回答已準備好的問題。

再搬走一把椅子，遊戲繼續。本遊戲可以隨時停止，只要參加培訓的學員一下子活躍起來了，無需在上面花太多的時間。

第 14 章

培訓師如何克服恐懼症

恐懼對於大多數人來說的確是一個主要的困擾，其中最大的恐懼就是：在一群人面前講話。對於許多人來說，站在一群人面前講話與被吊在烈火熊熊的地獄深淵上方實在沒什麼兩樣。然而，作為一位培訓師，這種情形卻無法逃避。於是，在走上講台之前，或正式開始授課時，幾乎所有的培訓師無一例外地經受過「講台恐懼症」的折磨：

· 胃一陣陣緊縮
· 手心出汗
· 腦門汗珠直冒
· 心砰砰地跳個不停
· 手一直不停地顫抖
· 兩腳發軟
· 腦子一片空白，想不起要授課的內容
· 手足無措，慌慌張張
· 希望自己得重病

「講台恐懼症」如果不加以克服，勢必會影響培訓師出色的表現。那麼如何克服它呢？要明白，這並不是一種無可救藥的絕症。

一、正視恐懼

不管你相信與否，「講台恐懼症」也有其積極的一面。畢竟人有一定的惰性，在無壓力的情況下往往不求上進，所以培訓師需要一定的壓力促使自己上進，而怯場所帶來的壓力可以使培訓師更加重視這次培訓，並不惜花費更多的時間與精力來不斷改進自己的授課水準。當培訓師能夠正面看待怯場時，就會發現一些現象是非常正常的，意識到這一點以後，講台恐懼症便不再是洪水猛獸。

正視「講台恐懼症」其實是非常容易做到的事情，只需要你瞭解某些事實就可以做得到。

1. 人人都會緊張

即使再老練的培訓師，也會在正式授課或授課的過程中感到緊張的。與其他培訓師所不同的，只是緊張的程度有所不同而已。

當培訓師走上講台時，或者在講授的過程中，假如十分害怕，不妨告訴自己：「人人都會緊張，不只我一人。」這樣你緊張的情緒必定有所緩和，因為當你意識到自己與眾不同時，內心便會感覺恐懼不安；而一旦意識到自己與其他人沒兩樣，恐懼感必定會減少許多。

2. 除了你自己沒人會看出你的恐懼

即使你心跳得猶如小鹿在狂奔，不表現出來，是沒人會知道的。而且你沒有必要向學員披露你真實的感受。不要說：「我入行沒多久，作為一位新的培訓師，每次培訓我都感覺緊張。」或「由於時間過於倉促，這次培訓我準備得並不充分，如果有那個地方講得不好，請大家多多體諒。」說上這些話，並不能緩解你的緊張，反而讓學員感覺你有點傻氣，並懷疑你的專業素質。請相信，沒人能夠從你的臉上看出你的害怕，除非你故意把這點表現出來。

如果你無法抑制自己的怯場，以至於緊張得全身發抖，也不要沮喪。因為抖的幅度，肯定沒有想像中的一半大。但你必須注意，以下一些細節有可能暴露你的緊張：

如果你手持話筒，學員就有可能從話筒的輕微晃動看出你的手在抖動，建議採用胸前麥克風。

不要拿著一杯水，這樣有可能學員的注意力就落在杯子上，而水杯中的一些小波浪就有可能將你的緊張暴露無疑。

不要拿講稿，一來學員有可能懷疑你對課程內容不熟悉，二來手的抖動會使紙張也隨著抖動。

如果雙腿在抖，不要晃動雙腿，學員有可能由此感覺到你內心的焦慮。可以嘗試將重心輪流落在其中一隻腿上，身體略向前傾，雙手按住講台。或者坐下來，握緊雙手放在膝蓋上，這樣做有兩個好處：同時防止手和腿的顫抖。

二、克服自身的困難

想一想在培訓當中，你最擔心的問題是那些？出錯？忘詞？學員的問題答不上來？突然莫名地緊張？是的，許多新的培訓師都坦然承認，不希望這樣的事發生在自己身上，但同時，一些經驗豐富的培訓師也告訴我們，這樣的問題其實很容易處理。

1. 出錯了，怎麼辦？

常見的錯誤有：不小心錯發了材料給學員，或是叫錯了學員的名字；講課時詞句或用語不當，等。

上述的錯誤多出現在新的培訓師身上，主要是由於經驗不足造成的。處理此類問題，關鍵是保持鎮定，即使自己內心對犯錯很緊張，也不要表露出來。

對於發錯了材料等操作性的錯誤，你可以向學員表示歉意，說：「對不起」、「不好意思」等。

對語言上的錯誤，如果不影響內容的闡述，你的學員也沒有聽出來，就可以不再理會。但如果是關鍵性的詞句、內容，就要給予糾正，甚至可以大方地詢問學員自己那裏說錯了。

敢於主動承認錯誤，不但不會削弱你的威信，這樣的勇氣反而會贏得更多的信任。你可以用幽默巧妙地來化解犯錯帶來的尷尬。

有一個演講者，在掌聲中走向講台，突然他被地上的話筒線絆了一下差點要摔倒，此舉引得全場哄堂大笑。但他依然從容鎮定地走到講台前，笑著說：「感謝大家的熱烈掌聲，我剛才差點傾倒於大家的掌聲中。」

一句幽默詼諧的話，引爆了全場的笑聲，尷尬的局面隨即被化解了。

2. 突然忘詞了，怎麼辦？

有時由於某些原因，例如環境的干擾，內心的緊張等，讓初登講台的你突然忘了下面要說的話，課室裏一下子安靜了。下面的學員有的開始表露嘲笑，有的交頭接耳，你看到學員的反應，更是一個字也想不起來。

這時請保持鎮定，因為越緊張，你越是想不起要說什麼。千萬不要說：「對不起，我忘詞了。」那樣等於否定你自己。可以採取以下三種方法來解決這個問題：

⑴使用過渡語言

例如：「剛才講的內容，大家都聽清楚了嗎？」大家對此有何看法？」然後掃視眾人，簡短的停頓，能讓你有時間去回憶遺忘了的話。

⑵忽略不計

如果真的一時想不起，就暫且不提，先講下面的內容。雖然這樣做可能會漏掉了一些內容，但總比你邊想邊說，或呆站著不說話要好。

⑶覆述

如果想不起來，可以重覆一下剛才講過的最後一句話，雖然是一句無意義的重覆，但有可能幫助你記起下面的內容；利用中斷的那句話的最後一個字、一句成語、或一個概念，作為下一句話的開端，這可幫助你引出源源不斷的話來。

某位培訓師曾提及自己就是借助這種方法消除其忘詞的難堪的，下面一起來看看他在一次培訓上如何應用這種方法來巧妙地應對這種困境的。

在一次新進員工的培訓課上，當我講如何獲得事業的成功時，在我說完「普通員工之所以不能晉升，是因為他對於自己的工作很少有真正的興趣，表現也極少有創造力」之後，我突然忘記下面應該怎麼樣說了，我的心中閃過一絲慌張，但我隨即也鎮靜下來了，我想：何不用「創造力」三個字講下去呢，或許我沒有概念將要講些什麼，或將如何結束這句話，但是姑且開始往下講，即使講得不好，也總比我站在台上一聲不吭，讓學員看我出洋相要好。

於是我接著講了下去：「創造力的意思就是自覺自願的，自己心裏想出該做一件事，而不需要等待別人的授意。」

有了這一句話，我又接著「等待別人的授意」這句話繼續下去：「總是等待別人授意，要別人來指導、監督、而不自發去工作的員工，很難在職場得到晉升……」

我就這樣漫無目的地講下去，一邊努力想我講授的要點，究竟怎麼接上剛才的中斷之處。當然，漫無目的的講授給了我從容思考的時間。

就這樣，我很巧妙地處理了我忘詞的難堪。

3.學員的問題答不上來，怎麼辦？

學員對你講課反應很熱烈，你的心裏感到很高興。可是這時突然有一個學員問了一個問題，你不知道該怎麼回答他，這時你開始有點慌了。

首先弄清楚學員想問些什麼，你可以改用另一種方式去確認他所要問的內容，例如「你的意思是說……」。

如果你一時不知如何回答，請不要一直想下去，這樣不但耽誤時間，也會令學員懷疑你的能力，你可以說：「某某同學提的這個問題很好，不過我需要一點時間才能解答。」並請學員下課後再來和你探討，或者告知學員答覆的時間，請用確切的時間詞，如：三天以後，下一節課。不要說「下一次」或「以後」，學員會以為你是在敷衍他。

當然比較巧妙的方法是把這個問題交給其他學員討論，這樣你既免除了不會作答的尷尬，也可以從學員的討論中獲得啟發。

4.突然莫名地緊張，怎麼辦？

大多數培訓師都會在上課前有緊張的情緒，但是由於經驗不足，新的培訓師在講課過程中仍會感到緊張。緊張的原因可能是出了錯，或是學員不配合等。

請提醒自己要保持鎮靜。可以適當地放慢語速，也可以通過使用手勢，在課室內走動一下，或是喝水等方法來減輕內心的焦慮。

培訓師準備得越充分，你的經驗越豐富，出錯的機會就越少。

三、緊張情緒突破與控制

1. 壓力緊張導致的七種反應

恐懼、怯場、心虛、緊張，這幾乎是每個初登講台者都繞不開的話題。事實上，任何人剛踏上講台時都會有緊張的感覺。美國心理學家曾經給 3000 個人做過一次心理測試：你最擔心的是什麼？選項包括死亡、雙目失明、失去雙親、殘疾、容貌被毀、離婚等等。令人吃驚的是：約佔 40%的人認為最令人擔心也是最令人痛苦的事居然是在大庭廣眾面前講話，而死亡僅被排在第六位。擔憂自己在講台上的表現是大多數人的煩惱，它困擾的不僅僅是「菜鳥」級的人物，更包括了許多在講台上有著豐富經驗的老手。就拿林肯來說，他的朋友霍恩登曾這樣描述林肯早期的登台表現：「他起初好像不知所措，很吃力地去使自己適合情境，在過分緊張的感覺下掙扎了片刻，反而更使他難堪了。這時候，我是很同情他的。他開始講話了……聲音尖銳難聽，姿勢古怪，臉色枯黃，動作千篇一律，好像一切都在和他為難似的。」馬克· 吐溫初次登台時口中塞滿了棉花，脈搏跳得像賽跑時一樣快；甘地初次登台時「不是在講話，而是在尖叫」；伯里安初次登台時兩個膝蓋一直是顫抖著碰在一起；邱吉爾初次登台時心窩裏似乎塞著一塊九寸厚的冰疙瘩……

那麼，培訓過程中出現的緊張究竟會有那些具體的不良表現呢？

培訓師，尤其是初登講台的培訓師，由於突然面對大量聽眾，受了強烈的外界刺激後情緒失去平衡，容易產生情緒波動，從而引起人體呼吸、循環、腺體、心臟肌肉等一系列變化，導致穩定性與協調性下降。

培訓過程中由於緊張而出現的任何生理或心理反應，包括七個方面。

緊張徵兆	發生在培訓之前	發生在培訓當中
1. 聲音		
聲音發抖或尖銳		
語速太快或太慢		
單調		
變成高音		
2. 語速		
口吃、猶豫		
少字、少停頓		
使用口頭語		
詞不達意		
3. 嘴和喉嚨		
唾液過多		
口乾舌燥		
反覆清嗓子		
反覆咽口水		
呼吸困難		
呼吸微弱		
4. 面部表情		
缺乏表情，表情呆滯		
愁眉苦臉，肌肉僵硬		

臉紅，出汗		
痙攣，死板		
缺少目光接觸，不敢正視		
說錯話吐舌頭		
5. 臀部和雙手		
僵硬，捲弄衣角、髮梢		
無目的地擺動		
緊握講桌		
缺乏手勢，手發抖，腳發軟		
揮舞手臂		
搔頭摸耳		
6. 身體		
搖擺		
拖著腳走		
站著交叉雙腳		
7. 心理上的		
胸悶		
心跳加速		
心慌意亂		
心神不定		
大腦空白		
盼望結束趕快下台		

四、剖析恐懼緊張的原因

一般來說，在登台培訓時產生緊張情緒的原因主要有以下幾點：

⑴自卑心理作祟

自卑是指自我評價偏低、自愧無能而喪失自信，並伴有自怨自艾、悲觀失望等情緒體驗的消極心理傾向。自卑的人常常下意識地過分誇大自己的缺陷，甚至毫無根據地臆造出許多弱點，還總愛拿自己的短處與別人的長處比較，不能冷靜地分析自己所受的挫折，不能正確地對待自己的過失，不能認真地思考別人對自己的期望，也不能客觀地理解別人對自己的評價，以致把自己看得一無是處，失去自信心，對那些稍加努力就完全能夠完成的任務也會輕易放棄。消除自卑就要對自己的力量感到滿足，要客觀地評價自己，相信自己的力量，發揮自己的長處。做事要有信心，要想著自己能行，自己是有能力的，自己能夠成功。不要用他人的標準來衡量自己。因為你是你，別人是別人。他人的優勢你不一定完全具備，你的優勢，他人也不一定有，他能做到的事情有的你也可以做到，但你能做到的事情，他人可能就做不了。只要相信、明白和接受了這個道理，自卑感自然會消失。

⑵害怕面對學員

毫無疑問，培訓師如何看待學員，將影響到自己害怕和緊張的程度，越害怕面對學員，就越緊張。但培訓師必須知道，學員是抱著學習的態度前來參與培訓的，不是來挑戰或取笑培訓師的。培訓師才是整個培訓課程中的主角，記住：即使參與培訓的學員或者工作經驗比你豐富，資歷高過你，但無需置疑，你是最瞭解自己所要講授的內容，而所有的學員都是衝著這一點才參與培訓的。所以培訓師要相信自己的能力，並以自己的激情去感染學員。

如果你信任自己，學員也會信任你；如果你熱情高漲，學員也會跟著情緒高漲。

⑶害怕自己的演講水準很差

「我講授的內容糟糕透了，再加上我蹩腳的演講技巧，唉，真不知會出現多難堪的局面。」其實這是非常容易戰勝的恐懼，因為整個培訓過程都是由你來掌控的。

培訓的內容是由你準備的。花多點時間、心思來準備你要培訓的內容，要知道這點時間、精力是值得的，因為你準備的內容越充分，越精彩，你的信心就越強。另外，練習、練習、再練習，練習越多，正式講授時就越放鬆，而且演講的水準也會隨著練習次數的不斷增加而越來越高。

或許你的恐懼來自更多的原因，但無論如何不要讓恐懼擾亂你的思路。梳理清晰後，你就會發現恐懼並不是什麼令人害怕的東西，因為除了恐懼本身你無可恐懼。

⑷事前準備不足

若培訓師心裏總是覺得自己準備得不充分，覺得有「出醜」的可能，那他的自我保護意識很可能出賣他。總是強調準備不夠充分會使自己沒有自信，造成思路短路、心裏發慌，加劇緊張的程度。準備包括精神的準備和材料的準備，上台前不妨問一下自己，是不是現在的精神是最飽滿的？現在的氣勢是最高昂的嗎？看看自己的道具是否準備齊全，自己的稿件內容是不是完全記憶下來了。兵家常說「不打無準備之戰」，培訓也一樣。

⑸自我期望過高

很多人都有追求完美的心態，其實過分追求完美主義也是一個陷阱，它將使你對於一切事物的認識過於執著，以至於對自己和培訓的內容過度關注。換句話說，難道怕就不會講錯嗎？所以，培訓師應該拋棄完美主義思想，站在台上就不要想這些，即使錯了也要當對的講，否則就不要講，應該有這種心態才對。如果站在台上還想著自己準備得不夠完美，勢必在培訓過程中就會有所顧忌，不能完全放開和放鬆。

⑹「恐高症狀」發作

如果培訓師面對的學員中有部份是企業高層人物，或者認為比自己懂得還多，在講話時可能會感到更加緊張，表現往往更加不自然，更加不協調。

⑺過於在乎他人

人們把當眾說話產生的恐懼心理稱之為「怯場」。過於在乎或在意他人的看法會帶來壓力和怯場，怯場心理會帶來相應的生理變化，這些生理變化表現為：輕度的，心跳加快、呼吸急促、顏面赤熱；中度的，手腳發軟、肌肉抖顫、小便頻繁；重度的，當場暈倒。1969年，兩位資深教授在紐約開會，當他們向大會報告論文時，因為怯場而當場暈倒。「自我形象受威脅論」解釋這種現象的產生是因為兩位教授的職業自我形象在諸多同行面前受到了嚴重的威脅。

⑻學員熟悉程度

大多數人在「熟人」面前講話比較自然，而面對陌生的聽眾則會比較緊張，這是因為我們對他們幾乎一無所知，而他們在幾十分鐘甚至十幾分鐘內便會對我們作出評價。所以這就要求培訓師儘快在學員心裏建立起良好的第一印象，並且在培訓的時候通過語言、眼神等的交流，把善意的、友好的信息傳達給學員。投之以桃，報之以李，學員是不會辜負你的熱情話語，拒絕你的友好表示的。

⑼學員人數多寡

學員人數的多少會直接影響培訓師的心理。一般人都願意在「小範圍」內講話。如果聽眾人數很多，培訓師便會倍加謹慎。因為他們覺得一旦出錯或表現不佳，「那麼多人」一下子就全知道了。過分的小心謹慎往往加大了怯場的可能性和程度。

五、消除恐懼緊張的七種方法

培訓師可以採用以下七種方法去釋放壓力，緩解緊張的壓力和情緒。

⑴自我鼓勵法

「恐懼」是許多剛踏上講台的培訓師的共同心理。如何搬掉這一「絆腳石」，充滿自信走上講台呢？培訓師首先要在精神上鼓勵自己，可以應用各種語言反覆鼓勵自己。例如：「我的培訓題材很有吸引力，學員一定會喜歡」；「我的口才特別好，而且又掌握了成功教學的結構模型，這次的培訓我一定能成功」；「我這次肯定會成功的，沒問題」等，讓自己放下思想包袱，輕鬆上陣。

⑵建立信心

培訓師的信心有兩個來源：一是對自己充滿信心，二是讓學員對你放心，對自己不信任是無法全力以赴的心魔，學員對你不信任是你開場不自信反射出來的回影。

進一步槍林彈雨，退一步海闊天空。培訓師接課程時，不要接自己無法駕馭、專業能力不夠的課程。信心源於準備，培訓師授課的專業知識儲備應該是授課時間所容資訊的 6～20 倍。

⑶情緒調節法

深呼吸有助於調節緊張、煩悶、焦躁等情緒。出現緊張怯場反應時，可以運用深呼吸進行調節，全身放鬆，雙眼眺望遠方，做綿長的腹式深呼吸，隨著節奏默數一、二、三……或者做一些簡單的、小範圍的運動操，讓身體舒展開來。

⑷要點記憶法

準備培訓以採用提綱要點記憶法為宜。將培訓課程的主題、結構要點、事例等資料整理成方便閱讀的卡片，然後拿培訓講稿進行比較，加以補充，整理出一份提綱，在提綱上註明各小段的小標題，在各段小標題下註明重要的概念、定義、人名、地點、資料和關鍵性詞語等。

⑸試講練習法

參加正式的培訓之前，有必要試講一下，最好請一些朋友或同事充當學員，一來可以增強現場氣氛，二來可以聽取意見，以便讓自己準備充分。

⑹壓力轉換法

作為培訓師，很多時候壓力源自於學員。因為有許多學員坐在下面，培訓師才會感到緊張，把這樣的壓力還給學員，這就是負向消弭。假如現在剛上課，你心裏很緊張，可以這樣開頭：「今天要和大家探討一個話題，叫做『高效能人士的七個習慣』。什麼是高效能呢？高效能人士應該具備什麼樣的特徵呢？請大家思考一下，並回答我。」

一般情況下，大家都會低頭思考，然後你再進一步追問：「楊××，請你來回答，你認為什麼是高效能呢？高效能人士應該具備什麼樣的特徵呢？」

於是，大家把眼光都投向楊××了，壓力也自然轉到他那裏去了。所以，要學會用這樣的技巧，儘量不要一開始就讓大家的注意力都集中在你的身上，你就會輕鬆許多。

有些培訓師不會用技巧，一上台本來就緊張，還喋喋不休地在那裏詳細地介紹自己，看到大家都盯著自己，他就更緊張了。所以，緊張的時候，就不要過多地介紹自己，而是要學會轉移學員的注意力。

⑺目光訓練法

初登講台的培訓師往往害怕與學員進行眼神交流，於是出現了低頭、抬頭、側身等影響培訓效果的不正確的姿勢。培訓師正視接受培訓的對象，不僅是出於禮貌，更重要的是與學員全方位互動交流的需要。初登講台的培訓師不妨學習做目光對視訓練的方法來訓練自己與別人眼神的交流。平時在底下養成習慣了，上台看聽眾也就非常自然了。

⑻超量準備法

運用技巧並不能解決根本問題，如果你老是用技巧，就意味你功力不足；功力好的話，根本不需要運用技巧。技巧是培訓師講課中的「佐料」。一個優秀的培訓師，會越來越多地用「清蒸」的方法。例如，同樣是做魚，一個新廚師做不好，就會放許多的辣椒，再放些糖，來個紅燒的，於是就有滋有味了。但是，廚藝高明的廚師，就會用清蒸的方法，僅僅放點鹽，就會鮮味十足。其實，解決緊張的根本方法是準備、再準備，充分的準備，超量的準備。

有一次，美國一個內閣成員對伍德羅・威爾遜總統簡短有力的演講表示讚賞，並問他需要花多長時間去準備。威爾遜告訴他說：「這要根據具體情況而定，假如我講 10 分鐘的話，那麼我要準備一個星期，講 15 分鐘需要準備 3 天，講半小時需要準備兩天，講一小時的話，現在就可以講。」可見，培訓前的超量準備是非常重要而且必要的。

六、克服緊張心理的七項準備

恐懼、緊張以及對未來的不確定性，使得培訓師缺乏信心。因此，事先準備越充分，就越能緩解心理緊張。熟悉培訓講稿、熟悉學員、熟悉環境等幾乎就是初登講台者短期內唯一可以通過努力而緩解心理壓力的方法。

(1)熟悉培訓講稿

一旦培訓師對培訓講稿滾瓜爛熟後，會感覺信心大增，培訓時就能把全部心思放在情感的表達上。這裏所說的熟悉培訓講稿，還不只是背熟培訓講稿，而是需要對整個培訓過程中的關鍵點(如字、詞、句)怎麼說、什麼表情、什麼動作，都要諳熟於心。可以用答錄機把自己的聲音錄下來，然後自己聽聽看有沒有什麼問題；可以對著鏡子演練，看自己的表情和動作有沒有問題，或者先在親朋好友面前演練幾次。發現都沒有問題，就可以信心滿懷地登上講台了。

(2)熟悉學員

在培訓前充分瞭解參加培訓學員的人數、年齡、性別、文化層次、興趣愛好、職業狀況等，當然這也是撰寫培訓講稿前的必備要求。

(3)調整情緒

有一個心理準備的秘訣：就是把下面的學員看成一堆蘿蔔和白菜。自我暗示方法雖然簡單，但如能運用得當，也確實有效。它能使培訓師立刻「熱起來」，也能立刻「冷下去」。可以對自己說：「我已做好充分的準備，聽眾會非常樂意接受我的培訓，瀟灑地去表達吧，我一定能成功！」閉上眼睛，想像一下成功的場景即將出現在你的眼前，學員正在積極地向你發出友善的回應，相信你就已經成功一半了。當情緒確實特別緊張時，培訓師可以回想一下以前的成功經歷，以此來告訴自己——我一定行！並承認自己對所從事的工作的熱愛——授課就是一種自我價值的體現，從而充滿熱情地登上講台，開始一場非常精彩的表演。

⑷熟悉環境

在主客場賽制中，主隊往往都是佔很大優勢的，除了觀眾的歡呼助威外，還有一個重要原因，就是對環境的熟悉而產生的放鬆心理。為此，如果可以的話，培訓前一定要提前去瞭解培訓場地的佈置、大小，包括話筒的擺設和上下場的位置等，另外還要觀察會不會有什麼障礙物。在參加培訓時，應提早半小時左右來到現場，這樣可以讓自己好好休息一下，調整好情緒、呼吸和心態。同時還能從主辦人或者其他人口中瞭解一些關於學員以及現場的一些信息。

有經驗的培訓師總是會在培訓前至少提前半小時到達培訓現場熟悉環境並做好充分的準備。下表列舉了培訓師提前達到培訓現場所作的各項準備工作。

培訓前半小時	培訓前一分鐘
1. 確定各種教學設施的擺放位置。包括投影機、白板筆、白板擦、寫字筆、背貼紙和索引卡、無線遙控演示器、銘牌等。	1. 再看一下你的開場白。
2. 確保筆記本電腦正常，文稿翻到第一頁，放在桌上；檢查視覺設備放置位置和調試是否正常。	2. 做一個深呼吸。
3. 準備應急物品；準備好開水和紙巾。	3. 告訴自己這將是如何的了不起。
4. 確保線纜正常。	4. 注意一下表情。
5. 讓自己輕鬆一下：到休息室歇息一下，喝杯水。	5. 微笑一下。
6. 在教室走動一圈，熟悉教室環境。	6. 開始吧。

⑸模仿演練

這是培訓準備工作的最後一步，也是對初登講台者最有用處的一步，它可以增加培訓師在實戰中的底氣。

例如，可以先按照培訓現場的環境，把房間佈置一下。培訓師按照正式出場的要求「武裝」自己，燈光、音響都盡可能地與現場接近，同時還請來一些親戚朋友作為聽眾，讓他們「吹毛求疵」，從聲音、語言、動作、表情、姿態到思想、觀點、感情等各方面對你「雞蛋裏挑骨頭」，甚至為了提高難度，他們還會喝倒彩。通過這樣的訓練，培訓師能及時發現自己存在的問題。另外，培訓師還應該設想如果出現了騷動、冷場、停電、麥克風故障等突發事件時，培訓師應當如何應對。這不僅能提高能力，還可以增加內心的底氣。

⑹適當飲食

據研究，緊張的時候，處於心臟下部的橫膈膜會上升，從而導致腹肌僵硬，失去控制，沿著脊椎骨的交感神經和副交感神經因為受壓而使全身僵硬，減少唾液，口乾舌燥。這時可以適量攝入一些飲料、茶水及含酸的開胃藥物，以使培訓師身心爽快、精神輕鬆。例如，可以備一小杯的白開水或者淡茶水，夏天可適當飲用適量的淡鹽水，斷續飲用，但每次不要喝得太多，以防止出現尿頻的情況。另外，在培訓中可以含少量潤喉片，或者備一些酸梅之類的開胃食品，它們可以生津止渴，保證喉嚨的濕潤，也能使乾燥的口腔靈活自如，讓緊張的心情逐漸穩定下來。

⑺卡片提示

大部份培訓師最擔心的意外，莫過於忘記內容，一旦忘記內容，就恨不得找個地縫鑽進去。最好的解決辦法就是事先準備好卡片。卡片不要太大，只要能寫上提綱就好，以白色硬片為最佳。培訓時，可將卡片放在上衣口袋裏，順手拿出來掃一眼。當然，使用完後不要急於放回去，否則就會被人看出來。可在手上停留一會，然後再慢條斯理地慢慢放回去。有時也可以放在一些道具上，例如，在很多培訓裏，培訓師會給聽眾展示一些照片之類的東西，卡片可以藏在這些道具下面，一有需要，就可以偷看了。

心得欄

第 15 章

培訓師如何處理學員失控局面

培訓師課講多了，知道無論準備得多麼充分，無論什麼級別的培訓師，在課堂上，都有可能會或多或少地出現一些失誤。例如思維短路，暫時忘了你最熟悉的東西，或者不小心講錯知識點，遭到別人指責等。如果經驗不足，對這些小錯誤處理不當，會嚴重影響課堂效果。

一、如何應對失控的時間

不管那種類型的培訓，都是明確規定時間的，但事實上並不是每個培訓師都可以在規定的時間內剛好將內容講授完畢。培訓師對時間的失控表現在兩方面：一是時間過於充裕。將內容講完了，卻發現離預定的時間還差一大截；二是時間不夠。時間到了，卻發現原先安排講授的內容還有一部份沒講。這兩種情形都令培訓師們頭疼不已。時間與內容配合欠佳，是會影響學員對培訓師的評價的。提前結束有可能令某些學員感覺培訓師沒有給予足夠的資訊，而「拖堂」則沒幾個學員會耐著性子繼續聽下去。

如果時間太充裕，在講完課程內容後，仍有充裕時間，你可以做一次較詳盡的總結，請學員們談談對課程的感想。

如果時間已結束，但你還有一段未講。此時你應保持冷靜，可挑出重點簡略地講一講，還可以告知大家，由於時間所限，不能詳細地解說。

授課時間必須切割為幾個小階段，每個小階段都有授課重心，而這些授課時間結合成為一個培訓課程。

每個課程時間單位必須有課程獨立目的性：這個課程時間單位你要做什麼？為什麼這麼做？你要讓學員學習什麼？學習這些有什麼用？

在培訓中，嚴格控制每一項內容的時間，這樣就不至於到了最後發現時間失控而亂了分寸。而且要及時檢討時間失控的原因，並努力在下一次培訓中杜絕這種現象。

二、如何應對「沉默不語」的人

培訓時，最常碰到的狀況是「沉默不語的人」和「活躍的人」兩種。針對「沉默不語」的學員，你可採取下列手段：

· 先找出什麼事情能激勵他，再做出舉動。
· 如果他是害羞的人，問問他的看法，讓他覺得是在跟你談話而不是對大家說話。
· 如果他是「自視清高」型，就用一個挑釁性的問題刺激他。
· 無論害羞或者清高，一律予以鼓勵。

有一天，甲乙兩個獵人各打了兩隻野兔帶回家。甲的老婆看到丈夫帶回來的兩隻野兔冷冷地說道：「哼，整整一天，就打到了兩隻嗎？！」丈夫聽了心灰意懶，沉默不語。第二天，他故意兩手空空回家，好讓老婆知道打獵可不是很容易的事。

乙的老婆正好相反。看到丈夫帶回兩隻野兔，她臉上露出欽佩的神情，驚訝地說：「哇，短短一天，你竟然打了兩隻兔子！」乙聽了心中大喜，洋洋自得地說：「兩隻算什麼呢！」第二天，乙快快樂樂地打獵去，結果乙帶回 4 隻野兔。

人人都渴望得到讚美。一聲真誠而又不失真實的讚美，不但可以迅速拉進與被讚美者的感情距離，而且會使被讚美者產生長時間的精神力量。冷漠的面孔和缺乏熱情的嘴臉是最具殺傷力的。它可以使氣蓋世、力拔山的項羽英雄氣短，使運籌帷幄決勝千里的張良聰明不再。有一家公司規定，每天的班前會，員工要不重覆地給同事找一條優點，由衷地送給同事一句讚美。規定實施一年後，公司生產率提高了 27%。可見，學會讚揚，學會感恩，也就學會了「讓啞巴開口」的秘訣。

三、如何應付活躍的學員

與不參與的學員相反，有些學員在課堂上表現得過於活躍，他們最常出現的表現是：每次都回答培訓師的問題，其他學員的機會受到限制；說話滔滔不絕，有時離題萬里。

為了能夠讓課程順利進行下去，讓所有的學員都有參與機會，培訓師需要有技巧地控制和調整這種行為，如果處理不好，可能會挫傷學員的積極性。這類學員過度參與的原因眾多，並不一定是故意的或惡意的，一定要準確辨識。

1.運用問題轉換到你希望做的事情上

可以先總結對方的觀點，然後用限制式問題過渡。如：「剛才你充分說明了你在這方面的看法，現在我們是不是聽聽其他人的意見？」在學員發言離題時，培訓師也可以運用這個技巧提醒他，如「孫同，你講內容也很有趣，不過今天還是討論我們的主題好不好？」

2.有意給其他學員參與的機會

採用詢問以徵求其他學員意見的方式讓其他學員參與。這樣既控制了過度參與的學員，又促進了其他學員的參與。如「謝謝高先生，其他人對這個問題怎麼看？」

3.提醒學員注意基本規則

倘若培訓師帶領學員制定了基本規則，就可以憑藉這些基本規則來督促學員按要求參與課堂活動。如：「請注意，我們的基本規則之一是，讓別的學員也有機會發言。」

4.運用指名提問

在提問之前，先說出希望回答的那位學員的名字，然後再問問題。連續反覆運用這個技巧幾次，就可以使過度參與行為得到有效地控制，又不會對過度參與者造成面子上的傷害。

四、內容出現錯漏怎麼辦

假如有一個地方我們講錯了，當然可以大大方方地說：「同學們，對不起，我講錯了，我重講，行不行？」但這是一種態度，而不是技巧。錯了當然要更正，但有的時候例如僅僅錯了一個詞，無礙大局，可以忽略，完全可以不用更正繼續講下去。在調研中我們發現，有的培訓師總是糾正自己的錯誤，結果糾正得學員都沒有信心聽課了。

鎮定自若，巧妙糾正，這是我們應該掌握的技巧。如果培訓師發現一個觀點講錯了，更正也要有技巧：「剛才我講到了這樣一個問題——人力資源經歷了幾個階段，我說經歷了兩個階段，我說得對嗎？」下面有學員可能會說還有一個階段。其實本來是你講錯了，可是這樣將錯就錯，既糾正了自己的錯誤，又變成了一種教學資源。這樣做就比「哎呀，同學們，對不起，我漏掉一部份，現在我把它加進來」要好得多。

五、行家高手出場怎麼辦

有時候培訓師也會遇到真正的行家裏手，也許他的經驗比你更老道，他的學識比你更深厚，甚至他的思維比你更清晰，他會在恰當的時機抓住你的漏洞，然後一下擊中你的要害。

遇到高手怎麼辦？正所謂不打不相識，這時候你就可以教學互動了。因為真正的高手都不是惡意挑釁，只是點到為止。此時互相尊重，讓他把高招亮出來，作為大家共用的資源。你可以說：「你是一位高手，請上來，我們大家一起分享你的觀點。」虛心求教更能體現培訓師的高尚品德。

六、如何處理挑釁動作

有時候培訓師需要處理學員在課堂上的挑釁性行為，這是作為培訓師的艱難時刻。挑釁性行為往往伴隨著激烈的情緒，容易形成衝突，破壞你辛苦營造的舒適的學習氣氛。做到以下方面可能會對你解決這個問題有良好幫助。

1. 開放從容的肢體語言

培訓師的面部表情、姿勢等一定要放鬆，向學員表明你是坦率的。微笑是很好的潤滑劑。

2. 不要對自己的行為和觀點過度辯護

不要給他人造成「我不能有錯」的感覺，不要試圖從個人角度進行辯解和防衛。

3. 澄清和確認

覆述關鍵的話，檢查自己理解是否正確。有時可能是培訓師錯誤地理解了學員的意思。不要在無謂的問題上糾纏，在不需要爭論的問題上浪費時間。

4. 積極地解決問題

不要過於關注問題的本身，要將注意力集中在如何解決問題上。如：「我們還可以另外採取那些辦法來解決這個問題？」

5. 讓全休學員協助你解決問題

給其他有可能支援你的學員發言機會，運用其他學員的力量，如果情況嚴重，你可以採取舉手表決法這種簡單易行的方法。

6. 課後個別討論

如果需要，培訓師可以讓大家休息一下，而你則找到有關學員和他單獨討論使你傷腦筋的事。這時，你要綜合運用前面所列的各種技巧來解決問題。

7. 適可而止

如果挑釁者已經放棄了挑釁行為，培訓師不必要繼續特別處理，以至於讓學員覺得失去了面子；或者在處理的過程中過了頭，變成人身攻擊。正確的行為是當挑釁性行為得到控制之後，培訓師應該如同對待其他學員一樣對待挑釁者。

七、怎樣處理難纏的學員

偶爾，培訓師會碰到難纏的學員，讓你苦惱不已。這時，建議培訓師首先檢查自己的言行：

· 課程針對性出了問題(例如講非所需)？

· 師德不夠嚴謹(例如遇事不公)？

· 學員有其他原因(例如心情不好)？

如果你做了努力仍不見效果，建議嘗試以下辦法：

· 視若無睹

· 口頭警告

· 私下溝通

· 群眾壓力

· 請君走路

八、如何應對「極好爭辯」的人

· 牢記「包容」。

· 不要讓整個班級都參與進來。

· 及時放大並肯定其合理之處。

· 抓住明顯錯誤，讓學員發表意見。

· 擱置爭論至休息時，與他私下溝通。

· 告訴他《閻王爺不與小鬼拜把子》的故事。

從管理學角度說，親民只能是「心靈上」的親民，決不是「身體上」的親民；從美學角度說，距離產生美。人與人相處，近生嘻，遠則威。所以孔子曾告誡為君者「臨之以莊，則敬」。這已經被古今中外無數的事實所證明。

九、如何應對回答「跑題」

· 自己及時承擔責任：「我可能講得不清楚，是這樣……」

· 再次覆述提問。

· 更換回答者。

· 把問題轉給大家，大家會幫他改正。

· 告訴他怎樣「捕駱駝」。

一位父親帶著 3 個兒子，到沙漠裏去捕獵駱駝。到了狩獵地。父親問老大：「你看見了什麼？」老大回答：「我看到了獵槍、駱駝，還有一望無際的沙漠。」父親搖頭不語，遂問老二。老二回答：「我看見了爸爸、大哥、弟弟，還有獵槍、駱駝和一望無際的沙漠。」父親仍搖頭不語，遂問老三。老三回答：「我只看到了駱駝。」父親滿意地蹺起了大拇指。

無獨有偶。當豹子追捕羚羊的時候，會看準一隻便緊追不捨。豹子超過一隻隻觀望的羊，那怕是有更近一些的獵物也不改初衷。豹子知道——以自己之累去追不累會一無所獲！

人，一個時間只能做一件事，懂得抓重點，才是真正的人才。

十、如何應對「個性衝突」

· 大事講原則，小事講團結。

· 讓持中立態度的人參與討論。

1979 年，各國教育代表團互訪，並各自有考察報告問世。中國報告說：「在美國，學生躊躇滿志、捨我其誰，老師卻視而不見，甚至慫恿鼓勵。小學一二年級的學員，大字不識一個，加減法還在掰指頭，就整天奢談發明創造。音體美如火如荼，數理化鮮有督促。課堂上學生遊走自由，談天說地，幾乎處於失控狀態。」

美國報告說：「上課時，中國學生喜歡把手端放在胸前磨煉自己，幼稚園孩子則一律把胳膊背在身後。學生喜歡晚睡早起，並且喜歡邊走邊吃早飯。老師的口才和訴說都了得，即使是連續上幾節課，連喝口水的時間也捨不得閉嘴巴。中國有一種作業叫家庭作業，是學校作業在家庭中的延續。中國把考試分數最高的學生稱為好學生，並且發給一張證明，證明他的優秀。」

美國教育培養出了 43 位諾貝爾獎獲得者和 197 位知識型億萬富翁。這使我們不得不從教育觀念、教學方法、教育技術，甚至文化背景等諸多方面尋找差距根源。如果你有幸成為一名培訓師，在理念與方法上與學員個性、創新等發生矛盾的時候，請你認真研讀以上兩個報告之後再做抉擇如何？

十一、如何應對「過分健談」的人

· 如果時間允許，學員又歡迎，就給他舞台。

· 用這樣的話打斷他：「你觀點很好，現在讓我們看看其他人怎麼看」。

· 用看手錶等辦法提醒他。

· 休息時，善意與他分享「梅斯法則」。

秋天到了，大雁想把自己的房子租給烏鴉。以換取旅行的食品。

大雁的窩做得很講究，所以想好了，租金不能低於 10 斤麥子。烏鴉來看房子了。烏鴉說大雁的房子位置不好，說形狀也不好，更看不中房子的搭建材料。大雁心中沒了底，一聲不吭，心神不安地聽著烏鴉滔滔不絕地抱怨。烏鴉見大雁默不作聲，沉不住氣了，就說：「你的房子最多值 20 斤小麥的租金，再多我可真的不租了。」

「20 斤，唉，我也只好這樣了。」大雁如釋重負、不動聲色地說。

英國著名拳擊教練 M· 梅斯提出的「梅斯法則」——「讓對手先向你進攻，結果他會被自己打倒」，現在被廣泛應用到管理實踐中。大雁以靜制動，在沉默中取得了意想不到的收穫。當然，在與對手的博弈中，沉默要以自信和冷靜為支撐，而不是故作深沉地不說話。

心理學證明，長時間的沉默會給對方帶來極大的心理壓力。正因為如此，許多商人在談判中，往往製造沉默，利用沉默。不會沉默的人，必定是缺少自信和冷靜的人，因為頻亮底牌說明急躁和心虛已經佔據了他的心靈。記住沉默的力量！

十二、如何應對「發牢騷」的人

· 讓他當班長，使其學會換位思考。

· 指出在這裏我們無法改變現狀。

· 安排在積極型學員中間。

· 嘗試與他分享「改變自己」的故事。

很久很久以前，人類都還赤著雙腳走路。有一位國王到某個偏遠的鄉村旅行，因為路面崎嶇不平，有很多碎石頭，刺得腳痛，國王就下了一道命令，要將國內的所有道路都鋪上一層牛皮。他認為這樣做，不只是為自己，還可造福他的人民，讓大家走路時不再受刺痛之苦。君令如山，可愁壞了滿朝大臣。即使殺盡國內所有的牛，也籌措不到足夠的皮革。

國王的親民舉措面臨流產，眾大臣一籌莫展。這時，有一位聰明的僕人大膽向國王提出諫言：「國王啊！為什麼您要勞師動眾，犧牲那麼多頭牛，花費那麼多金錢呢？您何不只用兩小片牛皮包住您的腳呢？」國王聽了很驚訝，但也當下領悟，於是立刻採納了僕人的建議。從此，人們得以免除腳的刺痛之苦。據說，這就是鞋子的由來。

這個故事啟發我們：想改變世界，很難；要改變自己，則較為容易了。與其改變全世界，不如先改變自己：「將自己的雙腳包起來」。

十三、如何應對「頑固不化」的人

· 頑固不化的人，是學員當中的「稀有資源」，要發現其優點。

· 淡化他的作用。

· 課後與選送單位進行溝通。

· 建議培訓師不要做下面故事中的「王秀才」。

劉員外說三七二十四，王秀才說不是。兩人由面紅耳赤到拳腳相加，車馬塞路，被眾人扭至縣衙。擊鼓升堂，縣官端坐道：「何為？」「明明是二十一，這廝非說是二十四，故爭執。」「老爺明察，就是二十四呀！」爭執再起。見此，縣官大喝：「將王秀才重杖二十一！」眾人目呆之際，王秀才的嫩屁股已生出朵朵紅花。有好事者不解，縣官大笑：「哈，那廝連三七二十一都不知，打他何用？身為秀才卻為此事擾民擾官，豈不該打？」

為縣官的睿智拍案叫絕。留心觀察，各位身邊的「王秀才」比比皆是：或趙處長為了蠅頭小利，爭狠鬥力，終臥病榻；或徐教授為了隻言片語，不顧斯文，老拳相向；或吳老總為逞一時之快，保卒棄帥，激憤拍板。聖人云：「水至消無魚，人至察無徒。」大千世界，千人萬面，必須學會給不同的人留有不同的展示空間，給不同智慧層次的人留有不同的展示舞台。

十四、對私自談話的人怎麼辦

· 私自談與正題有關的話，就允許他，並悄然告之：「小點聲討論」。

· 私自談與正題無關的話，也許是私人談話，允許他在較短時間內結束。

· 私自談與正題無關的話，可以讓他回答問題。

· 敲擊桌面。

· 講振奮性內容。

· 用「曼狄諾定律」進行溝通。

美國作家 F· H· 曼狄諾說：「微笑可以換取黃金。」管理界引用此論斷，概括為「曼狄諾定律」。人，是宇宙間最具智慧和情感的動物。關心是相互的。送出一個微笑，就會換回更多的微笑。在感情投資方面，面對先於對方的付出，你或許會困惑於人性中的自私與醜陋，難以把「我愛你」送往對方。但是，一切善良的法則，決不是某人某天所杜撰出來為大家所共同信奉的，而是在人與人合作與背叛的博弈中的智慧選擇。與人合作、與人相處，不但要注重自己的事情，還要關心他人的事情；不但要欣賞自己的優點，還要善於發現對方的優點，並及時報以微笑，加以讚美。人們的相互關心，相互鼓勵，相互幫助，是合作雙贏的潤滑劑。

十五、課堂秩序混亂怎麼辦

有時我們會遇到學員打瞌睡、走神。其實，走神的學員也就一兩個人，其他人都在聚精會神地聽，結果你做了提醒的多餘動作，反而使得所有的學員都走神。學員偶爾走一會兒神是正常的，面對這種情況，不要管他，繼續講你的就是了，因為要讓所有人都聚精會神，也是很困難的事。

有時，課堂上有手機鈴聲響起，老師高聲制止，似乎是表現了一種威嚴，其實，這不聰明，等於破壞了自己的教學計劃，老師應該更具備抗干擾的能力。學員交頭接耳，也是好事情，他聽得興奮時當然想和別人交流一下。有的學員課上睡覺，培訓師也可以大方一點，只要他別打呼嚕就行。當他小睡一會兒後，一旦恢復精神，聽講可能更認真了。所以，培訓師千萬不要太在意個別學員的這些不良表現，泰然處之即可。

找出根源，以靜制動。有時候，一個問題就可以導致課堂秩序的混亂，大夥說個沒完，一片混亂。你大喊安靜，還是制止不住，怎麼辦？這個時候，你千萬不能慌亂，而是看看問題出在那裏，找出「病根」才能對症下藥。

如果實在控制不了局面，那就索性不講了，默默地看著大家，這個時候往往會收到很好的效果。大家都看到你不說話，就會馬上安靜下來，他們會想，老師不說話，是因為我們確實做得有些過分了，於是會重新專心聽講。

十六、應對失控的場面

在培訓中，為幫助學員理解培訓內容，營造積極的學習氣氛，許多培訓師傾向於採用一些互動的活動，例如遊戲、案例分析、角色扮演、小組討論等等。可是活動的結果卻不是你所期望的，例如，本來是要做案例分析題，可是不知怎麼地大家都在議論自己公司的某種做法；幾個學員由於持不同的觀點，各執己見，最後爭執了起來……這些現象都並不是培訓師本來所預計的，大家的情緒好象都開始失控了。

培訓師不能因為互動活動有可能引起學員的爭執就避免在培訓中採用它，關鍵是當場面失控時，能夠冷靜、巧妙地處理。

提醒學員，他們的討論已經偏離主題。「大家的觀點都有一定的參考價值，但已經偏離了主題，我們是不是應該回到主題繼續討論呢？」

堅決打斷學員們的爭執，並告訴學員：因為時間緊迫，現在需進入下一項內容。然後講授下一項內容，避免學員的注意力繼續停留在爭論的主題上。請注意不能偏袒任何一方。提供你自己的意見給學員參考，然後迅速結束此次討論。

如果在遊戲當中出現學員的情緒失控，培訓師還可以告訴學員：這只是一個遊戲而已，只需理解當中的概念就已經達到效果了，大家不必計較結果。

第 16 章

培訓師的結尾技巧

當一個培訓班接近尾聲時，很多培訓師會在心裏想道：終於快要結束了，會感到十分疲憊，尤其這時聽衆又開始提問題，所以培訓師特別希望儘快結束這個項目，離開這個地方，所以傾向於匆匆回答提問，早點結束。但是一定不要這樣做。

「虎頭蛇尾」,「有始無終」,「強弩之末」這一類的貶義詞語千萬不要表現出來。很多事情證明，結束和開始一樣至關重要。一個好的結尾能給聽衆留下深刻的印象。就像古人創造的成語「餘音繞梁」、「回味無窮」等等所形容的那樣。

如何進行一個巧妙的結尾？

喜歡看舞台劇的人經常說這樣的一句話：「看演員的上場、下場的神氣如何，觀眾就可以知道他的本領大小。」聽培訓師授課也是如此。看一個培訓師有無經驗、是否專業，往往只看其培訓的首尾場就可以下判斷了。因此，培訓的結尾場，如同培訓的開場，都是培訓中的最關鍵處。許多新的培訓師都抱怨結尾太難處理了，就好像畫一個圓圈，前面都畫得好好的，可後面一不小心，就有可能使整個圓圈變形，或者崩了口。那麼難在那裏呢？難在不懂得如何巧妙結尾。

即使在結束階段的三五分鐘之內，培訓師也可以講很多內容，涉及許多事情，所以要抓住要點，不要泛泛而談。否則，學員還是不清楚培訓師到底主要講了幾個問題。

許多培訓師的結尾都是不成功的，他們草草就結束了課程，甚至學員都還沒反應過來。孰不知，培訓師最後所說的字句，在課程結束以後仍然在學員的耳邊回響，並讓學員不斷回想。因此，一個完美的結尾至少應該做到以下幾點：

「使整個課程首尾呼應，完整而統一」、「重覆授課主題和主要的授課內容」、「確認學員對整個課程是否還有疑問」、「幫助學員加深對課程內容的印象」、「使學員的情緒再次高漲」。

卡耐基曾為演說詞結構擬訂了一個格式：

· 開端——告訴聽眾你將要談什麼問題；

· 中間——詳細談這些問題；

· 結尾——把所談的問題簡明地概括一下，做個總結。

對此，培訓師們是否有所啟發呢？

今天的培訓課，我們主要分享了便利店的業態分析和發展趨勢、便利店人員的銷售技能、便利店的人員管理、便利店的店鋪管理等有關便利店銷售與管理的基本知識和方法，希望大家能夠結合本次課程所講授的內容，使我們的工作，在今後的工作中不斷實踐，從而不斷提高個人的工作績效。

1.綜述結尾

今天我們一共講了三個問題：第一個是「編」的問題，第二個是「導」的問題，第三個是「演」的問題。今天的課程就到這裏。

這叫做綜述性結尾，將前面的內容綜述一下。

2.提煉結尾

比綜述結尾稍微高明一些，不僅僅是綜述一下，還要對前面的內容進行提煉。

今天我們學習了戰略管理，戰略管理的基本含義是什麼呢？什麼叫做有戰略眼光？八個字：站高一層，看遠一步。一個人有戰略眼光，要比別人看得更高，你至少要站在你上司的高度去看，要比競爭對手看得更遠。

3.激勵結尾

即在結尾時給大家展望一下美好的圖景。

我相信，站在各個講台上的各位部門主管，將會是最優秀的部門培訓師。各位今天你們是學習者，明天就會成為大師。

一、行動的促進

培訓的最終目的是促使學員學以致用，能夠將培訓當中學到的新知識、新技能用來處理工作所遇到的問題。因此，應用行動推進法來結束培訓，是一種培訓師不得不掌握的一種技巧，也是提高培訓效果的有效方法。

即使在培訓當中培訓師已經告知學員具體該怎麼做，但不妨在最後階段再次簡單強調幾個要點，以加深學員的印象；

各位朋友，今天的培訓課程我多次提及到：顧客滿意是一件非常重要的事情。對於公司來說，只有令顧客滿意才會取得成功，才能得以生存和發展。對於我們自己來說，才能從工作中獲得成就感，並增加收入，獲得提升。這難做到嗎？並不難，只需要我們在日常接待顧客中，多幾分真誠的笑容，多幾分耐心去聆聽顧客的心聲，多幾個心眼去瞭解顧客的需求，多花點心思去超越客人的期望。要知道，良好的服務就體現在這「四多」中。

在課間休息時，許多朋友跟我抱怨，今年公司給他們訂下的銷售目標是 100 萬，150 萬，甚至是 200 萬……你們覺得這些目標簡直像海市蜃樓，可望不可及，是不是？但現在大家不妨反回來想一下，如果各位能夠完成今年的銷售目標，公司承諾給各位的獎勵保證能夠兌現，那樣各位或者可以晉職，或者可以享受豐厚的獎金，或者可以享受公費旅行……當然，「一分耕耘，一分收穫」，如果我們想盡情地享用自己通過拼搏贏來的果實，那麼從走出這間培訓課室的那一刻起，我們就必須將今天所學的知識與技能學以致用，每天多給顧客打幾個電話，多拜訪幾位目標銷售顧客，多回訪幾位老顧客……不要小看每天付出的小小努力，一年下來，你將發現你已經將目標遠遠拋在後面了。

二、故事啟發

即使培訓師將培訓的內容講得再興趣盎然，在最後的階段，學員仍不可避免地感到一絲疲倦，畢竟在整個培訓的過程，學員不斷接納新的知識、新的技能。這時，通過講授一些富有哲理的寓言小故事，可以使學員在放鬆之餘，加深對培訓內容的理解和記憶。

在結尾階段採用的小故事，更多是為了開放學員的心態，促使學員採取行動，將培訓的內容學以致用。因此，使學員在娓娓道來的小故事中體會到一種道理能達到很好的效果。

在課程將要結束時，我給大家講一個故事：

有一個培訓師，在他將要開始給某個學員講授知識時，他的學員問道:「老師,你今天講授的知識能夠幫我解決我的問題嗎？」培訓師聽完後，老實答道:「對不起，不能。」學員就不高興了，反駁道:「既然你不能幫我解決問題，我幹嘛還聽你講課呢？」培訓師點著頭說道:「對啊，我不講課了，你也不要聽課了，我們一起去釣魚吧。」

於是，他倆就去買魚具，打算去釣魚。當他們來到魚具店，培訓師就挑了最貴的釣魚杆與魚鉤，並對釣魚店主說:「我買了你的釣魚杆與魚鉤了，你必須保證我可以釣到魚，否則我不買了。」店主就回答道:「我只是將釣魚的工具賣給你，至於能否釣到魚，那還得看你是否真的去釣魚，是否真的會釣魚。」

其實，我跟大家講這個故事，無非想告訴大家：這一堂課對大家是否有用，還得看大家回去是否把正確的知識、技能用在具體的行動上，只有這樣，你才能釣到「魚」。

好，這一課堂講到這裏，謝謝大家。

三、觸動情感

在某些演說中，可以用熱情洋溢的話語祝願聽眾，提出希望作為結束語，以此打動聽眾的心。在培訓課程中，培訓師同樣可以結合主題提出希望，祝願學員，使學員感到高興、樂觀，從而帶著美好的感覺走出培訓會場。

此種結束方法如果處理不好，則會落於俗套，缺乏新意，難以給學員留下深刻的印象。

若採用這種方法結尾，並想達到較好的效果，在致祝願辭的時候，態度必須誠懇，發自內心地祝願學員。

今天我們進行了「職業秘書訓練課程」的培訓，探討了作為一位專業的秘書所應該具備的良好心理素質，以及掌握的專業工作技能和規範服務的商務禮儀。最後，我真誠地祝願在座的每一位朋友能夠不斷地提高自我，成為新時代適應性強、知識面廣、反應敏捷、成熟的職業化高級秘書。

四、名人雋言佐證

當培訓師引用一些名人名言來結束課程，並與學員一起分享當中所蘊涵著的深刻道理時，不僅可以提高學員對課程的認可度，還可以啟發學員思考，並加深對授課內容的理解與記憶。對經歷感悟的話語，也就是我們經常說的名言就能給予我們一定的啟發。

寶潔(P&G)董事長曾說過這樣的一句話：「如果你把我們的資金、廠房及品牌留下，把我們的人帶走，我們的公司會垮掉；相反，如果你拿走我們的資金、廠房及品牌，而留下我們的人，十年內我們將重建一切。」

不可否認，寶潔公司這種「以人為本」的理念與做法成就了寶潔的今天，如果我們都能夠像 Richard Deupree 一樣重視人才，我們的企業必定會越做越好，越做越強。

五、引用詩文名句

也許你從沒想到培訓也能以詩文名句來結尾，但在一次的培訓課上，一位培訓師運用了恰當的詩文名句結束了他的課程，使他的講授顯得非常完美，學員都沉醉於他所營造的氣氛中。當事後學員回憶起那次的培訓，更多的是談論那次的結尾是那麼的自然，卻又發人深思。

選擇的詩文必須適合整個課程的主題，否則將顯得格格不入。

六、小組競賽

在培訓的結束階段，還可通過小組競賽形式重溫全部課程內容。有競爭就有進步，這種方法往往能夠幫助學員加深對課程內容的記憶，同時，通過激烈的競賽還能將培訓引入另一個高潮。

⑴競賽開始之前，必須制定規則，否則很有可能出現無序的場面，大家爭先恐後回答，完全不顧培訓師的指示；

⑵優勝者必須給予一定的獎品獎勵，落後者必須給予一定的「懲罰」，獎罰分明，才能刺激學員積極參與。

下面我們通過小組競賽的形式來重溫今天課程的重點內容。規則是：第一，搶答形式進行；第二，回答問題者先舉手示意老師，經允許後再回答；第三，誰先舉手，誰獲得優先回答權；第四，如果前面小組答錯，由其他小組補答；第五，組員答對，小組得一分，答錯不扣分，違反規則的組員，小組扣一分；第六，最高分的小組勝出，獲得獎品。最低分的小組將受到「懲罰」，表演節目。……做好準備了嗎？比賽開始，第一，客戶需求包括那五種類型？……第二，客戶服務的六個環節分別是什麼？……第三，客戶消費時的基本心理要素包括那些？……

七、精彩點評

做培訓的，都有這樣的深刻體會，點評是教練式培訓必不可少的組成部份，在教學中經常要遇到的。點評對於學員來說，具有十分重要的意義。為什麼呢？它可以從另一個角度反映出學員的學習行為，同時可以促進培訓績效的提高。通過點評，培訓師可以把學員所做的和標準或標杆進行比較，告訴學員距離目標還有多遠，然後根據實際情況做出調整。這樣，無論學員已經取得什麼樣的成績，他們總是能夠做得更好。

點評，不僅有助於激發學員的學習動機，而且能夠使其及時地發現自己還存在的一些問題。同時，這樣做也可以使培訓師根據這些信息，及時地發現培訓中還存在的各種問題，適時給予幫助和示範。否則的話，如果教學雙方都心中無數，或重覆學習，或忽略重點，就會造成浪費，甚至使不正確的行為繼續下去。培訓師怎樣才能做到精彩點評呢？

點評的一般模式叫總體概括。在課堂上，如果培訓師不肯定學員的優點，一味地指出他的問題，當然會遭到學員的抗議，說你以偏概全。其實這是培訓師缺乏對於總體概括方法的應用。

培訓師在點評時，一定要說「總的看來……」，然後，把學員做得最好的部份，點出來，「值得欣賞的是……」，最後在肯定的基礎上指出問題，「要補充的是……」，把薄弱點再指出來。這樣，學員才會心甘情願地接受。

一般的培訓師能夠做到這些就算完成任務了，但是，對於一個優秀的培訓師、一個職業化的培訓師來說，這只能算完成了一半任務。有時學員會很不服氣：「你指出我做得不好，那怎樣才叫好？」所以，為了點評更具完整性，培訓師最後再做一個小結：「建議應該這麼做……」

心得欄 ------------------------------

第 17 章

培訓課程的評估

所謂的培訓評估，就是在培訓過程中，依據培訓的目的和要求，運用一定的評估指標和評估方法，來檢查和評定培訓效果的過程。培訓評估是非常重要的，因為培訓是否達到目標要求，將會影響受訓人員的工作行為，最終影響組織工作績效。

一、為什麼要進行培訓評估

相信對每一個有志於培訓事業的人來說，都希望在培訓後能得到學員的肯定。但是由於受到經驗、能力、環境、對象等各種因素的影響，並不是每一次的授課都能達到預期的效果。如果培訓師希望下一次做得到更好，希望獲得更大的事業成功，培訓評估就不是可有可無，而是非常重要。

要注意的是，培訓師對培訓工作的評估與企業培訓部門做的評估有著很大的不同：企業的培訓評估是站在宏觀的角度，多角度、多方面的考核；而培訓師的所做的評估目的是為了檢驗自己的授課是否達到了預定的目標，並將收集的相關資訊作為提高自己的依據，與企業評估培訓相比，其評估的方法會較為簡單。

培訓評估能給學員造成一定壓力，使他們更認真地學習，對培訓師來說，評估也能促使他們更負責、更精心地準備課程和講課。

二、課堂掌控自測

恰到好處的現場氣氛才能使你的學員真正有所收穫，才能使自己的水準真正得到提升，最重要的是瞭解自己，這是完善自己的基礎步驟。

培訓師如何評估自己對於課堂的掌控能力？可以通過表格來檢測。「課堂掌控自測表」是培訓師在培訓實踐中經常要用到的，並且效果很好，對掌握和提升培訓師的教學水準有很好的幫助作用。

每一個指標都有不同的分值和自測者的水準對應，否定回答的分值為 0.1～3 分為較差，3～7 分為業餘水準，7～10 分則為專業水準。每一指標的分值之和，則為培訓師課堂掌控能力的測度。30 分以下為較差，30～70 分為業餘，70 分以上是專業水準。我們可以根據自測表，有針對性地做出改進，提升自己的能力。

表 17-1 課堂掌控自測表

	問題	1	2	3	4	5	6	7	8	9	10
1	上課前我清楚教學目標										
2	上課前我瞭解學員										
3	我不會偏離教學目標										
4	我會觀察每個學員的反應										
5	出現異常情況，我會保持冷靜										
6	課堂混亂，我會採取相應對策										
7	我會抓住即時出現的教學機會										
8	對學員的提問，我會清楚分類										
9	根據學員問題的性質，我會擴大或縮小問題										
10	我會把握教學節奏，張弛有度										
總分	較差(30 分以下)、業餘(30～70 分)、專業(70 分以上)										
指導者評語											

1. 上課前我清楚教學目標嗎？

教學目標的確定是保證課堂效果的基礎，很多培訓師在課堂教學的過程中往往偏離自己的教學目標，原因就在於培訓師上課前對自己的教學目標把握準確性不高。

如果你在課前不能很好地把握自己的教學目標，則在這個方面的能力就是 0 分；如果非常清楚和明白，則是 10 分；有一點清楚則可以得到 1～3 分；一般情況下可以得到 3～7 分；清楚則是 7～10 分了。

2.上課前我瞭解我的學員嗎？

培訓師大多數的時候都是給陌生的學員做培訓，大家第一次見面，彼此有深入的瞭解幾乎不太可能。但是，為了能更得心應手地掌控課堂氣氛，我們應該通過各種管道和方式去瞭解我們的學員。例如，開課前，我們可以看一下學員的資料，瞭解其年齡結構、職位、學歷結構……這樣，你就會對學員的情況有一個大體的瞭解。同時，在課堂上，要運用一些方法，把握學員的性格傾向。對學員瞭解得越多，培訓師對課堂氣氛的掌控就越有把握。

3.我會偏離教學目標嗎？

有時候一個案例、一個討論受主導性學員的影響，可能令老師不由自主地偏離教學目標。如果此時一點都不受干擾，不偏離，那麼可以得到 7 分以上，一般情況下得 3～7 分，經常則得 1～3 分。

4.我會觀察每個學員的反應嗎？

觀察學員的反應是瞭解學員的最基本手段，同樣是掌控課堂的基礎。當你在講某一個知識點的時候，你要清楚學員對這個知識點的興奮度有多高，學員有多大的反應。面對學員這樣的反應，培訓師要找到原因在那裏，然後改進完善。

如果對學員的反應一點都不瞭解，只顧自己埋頭講課，那麼除了課堂效果不會很好之外，有時候甚至會遇到挑釁、找茬等你想不到的麻煩。所以，一個專業的培訓師，一定要學會觀察學員在課堂上的反應，掌握其情緒動態。

5.出現異常情況，我會保持冷靜嗎？

從某種程度上說，如果你瞭解你的課堂和你的學員，那麼，任何異常現象都會在你的掌握之中，專業的培訓師遇到這種情況一定能夠冷靜處理，從容應對。如果你對現場情況的把握度很低，那麼，一旦出現異常現象，例如學員挑釁、起哄，你就會不知所措了。這同樣是對我們培訓師心理素質的一次很好的測試。

6.課堂混亂，我會採取相應對策嗎？

這與對課堂異常現象的把握相關聯。如果培訓師能對現場應變六項對策加以靈活運用的話，就可以很快地從業餘水準提高到專業水準了。

7.我會抓住即時出現的教學機會嗎？

這是對培訓師提出的更高要求，要求培訓師有非常好的教學功底和豐富的實踐經驗。例如當學員的某段發言很具有代表性，那麼，我們就可以巧妙地加以點評，借點評達到自己所希望達到的教學目的。

8.對學員的提問，我會清楚分類嗎？

這同樣是對培訓師的高要求。如果能夠清楚分類學員的提問類型，說明你在教學現場的掌控能力方面比較強。因為你已經明白提問者的意圖，所謂知己知彼，百戰不殆。要提高這方面的能力，需要培訓師有意識地去鍛鍊。在教學的過程中，對學員提出的每一個問題都認真思考和對待，必要的時候可以做記錄。

9.根據學員所提問題的性質，我會擴大或者縮小問題嗎？

擴大問題，可以使其變為教學機會；縮小問題，可以使培訓師從容應對。如果對於學員問題的處理能夠做到遊刃有餘，則培訓師就是專業高手了。

10.我會把握教學節奏，張弛有度嗎？

這是培訓師的高級階段。對課堂節奏的有效把握和張弛有度，是培訓師靈活運用課堂技巧的能力體現，當然也是準備充分和經驗豐富的表現。達到這樣的專業水準，需要專業的訓練；沒有專業訓練，你很難發現自己的缺陷在那裏，糾正就不知從何做起了。

三、培訓師常用的評估方法

為提高培訓師自身的水準，關注點將投在培訓師自身的評估上。但是我們都知道，如果只關注自身的評估是不夠的，學員的回饋也是極其重要的，對學員的評估從側面反映了培訓師的培訓水準。例如：學員的學習性未能被激發起來，很有可能是因為培訓師的授課技巧不足；學員未能將培訓內容應用到工作中去，很有可能是因為培訓師的培訓課程設計得不具實操性。當然，上述情況的發生不一定是由培訓師導致的，只是作一個假設。因此，培訓評估的對象應該既包括培訓師的自身評估，也包括對學員的評估，這樣的培訓評估才是全面的。

一般來說，培訓師常用的評估方法有：觀察法、測試、提問、問卷法。

運用測試法時，可以在培訓前和培訓後進行內容相似的測試，這樣更有利於培訓師發現、比較，找出問題。

在運用提問法時，你可以用旁敲側擊的方式，也可以直接詢問學員對課程的看法。例如：「你對這個課程有何感覺？你會向其他人推薦這個課程嗎？」這種方式也可以獲得一些有用的資訊。

在培訓中，培訓師經常想瞭解學員正在發生什麼樣的變化，這時不妨對學員進行培訓中的評估。如果在培訓評估中發現學員應該發生的既定變化並沒有發生，那麼培訓師就要及時調整培訓的內容、使用方法和材料等。當然，如果只是為了評估而評估，在培訓結果中顯示培訓過程出現了問題，而培訓師卻沒有採取行動去解決，那麼培訓師的專業信譽就會受到影響，倒不如不進行評估了。

在培訓中進行評估，許多培訓師傾向於使用觀察法、提問法、測試法，但也不妨使用問卷法。

在培訓中採用的比較常見的問卷是「小節評估問卷」，顧名思義，小節評估問卷是針對小節本身進行的。培訓師每講完一小節內容後，即對學員進行一次「即刻」評估，這時，學員對培訓內容記憶猶新，往往是憑著直接的感覺作判斷，因此，培訓師可以瞭解到學員真實的想法。但是小節評估問卷有一個很大的局限性：如果各小節彼此相關性很強，在每一小節後做評估，就有可能在孤立的背景後得出片面的結論。

問卷一　培訓活動前的情況調查(學員填寫)

1. 您以前參加過類似活動嗎？(在確定的項後打√)

參加過□　沒有□

如參加過，參加過幾次？

一次□　二次□　三次□　其他□

2. 您對這樣的活動感興趣嗎？

非常感興趣□　比較感興趣□　一般□　沒興趣□

3. 您認為這類活動對您的幫助如何？

有很大幫助□　較有幫助□　幫助不大□　沒幫助□

4. 您最希望從本次培訓中獲得那些知識？

關於企業經營的理論知識□

關於生產流程的實際操作知識□

提高人際交往能力知識□

5. 您日常工作主要內容有那些？(請按重要順序填寫)

____

6. 您最喜歡工作的那些方面？

7. 您最不喜歡工作的那些方面？

8. 您工作中經常遇到的問題是什麼？如何處理？結果如何？

9. 對本次培訓有何要求、希望及建議？

10. 請以書面形式提供 1～2 個您自己經歷過的成功或失敗的例子。

在培訓過程中，培訓師與學員之間會建立某種關係，雙方關係有可能很融洽，也有可能很緊張，這樣，學員對培訓做出的評價可能不太客觀。因此，培訓師應該也參與進來，將自我評估與學員的評估作對比，評估結果的客觀性就會強一點。

問卷二　小節調查表（學員填寫）

請認真回顧一下剛結束的小節，在下表有關問題中最能代表你想法的那一欄中打勾。如果同意問題中的觀點，請在最左邊的方框內打勾；如果反對問題中的觀點，請在最右邊的方框內打勾；中間那幾個選項為介於兩種極端態度之間的幾種態度。

1. 本節內容與主題相關。

□同意 |　|　|　|　|　|　| □反對

2. 本節內容難易度適中。

□同意 |___|___|___|___|___|___| □反對

3.本節內容條理清晰。

□同意 |___|___|___|___|___|___| □反對

4.輔助工具有效。

□同意 |___|___|___|___|___|___| □反對

5.練習/討論/遊戲設計適當。

□同意 |___|___|___|___|___|___| □反對

6.你能將本節所學的內容應用到工作崗位上。

□同意 |___|___|___|___|___|___| □反對

7.時間安排適中。

如果你的答案是「反對」，請進一步選擇：

□略長　　　　□略短

其它意见：

培訓師如果想知道參加培訓的學員是否對培訓感興趣，他們從培訓中學到了多少東西，對講授內容是否清晰明瞭等，在培訓結束後讓學員填寫相關的調查問卷，就可以獲得此類回饋資訊。

問卷三　培訓師評估調查表（學員/培訓師填寫）

請認真回顧一下剛結束的小節，在下列有關問題中最能代表你想法的那一欄中打勾。如果同意問題中的觀點，請在最左邊的方框內打勾；如果反對問題中的觀點，請在最右邊的方框內打勾；中間那幾個選項為介於兩種極端態度之間的幾種態度。

1. 培訓師對本節內容的講解貼題。

□同意 |＿＿|＿＿|＿＿|＿＿|＿＿|＿＿| □反對

2. 培訓師對本節內容的要點分析透徹。

□同意 |＿＿|＿＿|＿＿|＿＿|＿＿|＿＿| □反對

3. 培訓師對本節內容的講解清楚生動。

□同意 |＿＿|＿＿|＿＿|＿＿|＿＿|＿＿| □反對

4. 培訓師使用了有效的工具輔助講解。

□同意 |＿＿|＿＿|＿＿|＿＿|＿＿|＿＿| □反對

5. 對於學員對本節內容提出的疑問，培訓師總能給予滿意的回答。

□同意 |＿＿|＿＿|＿＿|＿＿|＿＿|＿＿| □反對

6. 培訓師的授課速度合適。

□同意 |＿＿|＿＿|＿＿|＿＿|＿＿|＿＿| □反對

其他意見：

培訓結束後的評估問卷一般會涵蓋全部的培訓內容，以幫助學員對整個培訓課程作一個全面的回顧與評估。但是由於學員的記憶力有限，尤其當培訓的時間跨度比較長時，學員有可能對培訓初期的很多內容印象都模糊了，甚至沒有什麼印象了，這時評估的效果將會受到影響。

問卷四　培訓師的能力評估表(學員/培訓師填寫)

評分標準：

極差＝需在大範圍內提高操作技能

差＝需在某些範圍內提高操作技能

合格＝已具備基本的操作技能

熟練＝操作熟練

優秀＝不僅操作熟練，還掌握了靈活的技能操作技巧

導師活動	有效的導師行為	評分		
		差	合格	優秀
1. 開場白	· 對學員表示歡迎			
	· 引起學員的興趣			
	· 形成友好而講求實際的氣氛			
	· 表現出對講授主題的熱情			
2. 介紹主題	· 清楚說明本次培訓的主題			
	· 清楚說明主題的意義及本次培訓的重要性			
	· 簡明扼要的描述本次培訓內容概要			
	· 把本主題與學員的既有知識和經驗聯繫起來			
	· 瞭解學員對本次培訓的期望/要求			
3. 內容講授	· 條理清晰地鋪陳內容			
	· 闡明主要術語			

	· 涵蓋主題相關要點			
	· 說明整體和局部的關係			
	· 著重強調內容要點			
4. 善於使用教學輔助工具	· 進行培訓前的工具檢測			
	· 使用各種媒體介來產生不同的激勵因素			
	· 選用合適的媒介			
	· 保證全體學員都能看見教學輔助工具所示內容			
	· 借助視聽輔助設備，使所有的學員都能清晰地聽到培訓師的講授			
	· 在適當時候分發資料			
5. 抓住學員的興越	· 顯示持續的熱情			
	· 提供有關的例子來說明相關的主題			
	· 應用練習/遊戲/小組討論激發學員的興越			
6. 有效地提問及回答問題	· 清楚簡要地提問			
	· 引導學員思考			
	· 細心聆聽學員的回饋			
	· 重覆/歸納學員的回饋資訊			
	· 覆述學員的問題，並給予鼓勵			
	· 清楚回答學員的問題			
7. 組織學員參與	· 規定和主題相宜的練習、討論、遊戲等互動活動			
	· 活動多樣化			
	· 關注學員的進步情況			
	· 提出建議：學員幫助學員解決問題			
	· 對學員的學習提供建設性的回饋			
8. 善於掌握時間	· 準時開始培訓			
	· 顯示上課的計劃性			

	· 妥善處理偏離計劃的情況			
	· 準時結束			
9. 結束授課	· 覆述並歸納要點			
	· 分發閱讀資料清單			
	· 對學員培訓後的行為做出清楚的指示			
	· 確認學員的培訓效果			

再者，因為培訓結束後的評估問卷是針對整個培訓課程的，因此，內容較多、複雜，需要學員花較多的時間與精力作答，有些學員會拒絕作答或敷衍了事。當然，如果培訓師在整個培訓過程一直做跟蹤評估，培訓後的評估問卷將會設計得較為簡單，無論是對培訓師還是對學員來說，在培訓後的評估上所花費的時間和精力都要少很多。

問卷五　培訓課程及教材評估調查問卷(學員填寫)

衷心希望您能就下面的問題做出真實的回答，這會大大有助於我們工作的改進。

1. 您認為從本課程中獲得的最大收益是什麼？
2. 您認為本課程的那些內容對您最有用？
3. 您認為本課程的那些內容對您最沒用？
4. 您認為本課程應當增加那些內容？
5. 您認為本課程應當刪減那些內容？
6. 您認為本次培訓課程的難易程度如何？
7. 您認為本次培訓課程的順序、主次安排是否合理？您有什麼意見？
8. 對本次培訓的授課方式您有什麼想法？
9. 您認為本次培訓課程教材有那些優點？
10. 您認為本次培訓課程教材有那些不足，應該如何改善？

培訓結束後的評估問卷的內容有，培訓內容設計、培訓師授課技巧、學員課堂表現、培訓環境等等的情況是否達到預期的目的。總之，培訓後的調查問卷應當是總結性的，有助於培訓師全面瞭解整個培訓課程，進一步改進個人的培訓水準。

問卷六　自由發揮評估問卷(學員填寫)

問卷說明：

此種調查問卷就是一張白紙，學員將在問卷上寫下培訓的有關資訊：對培訓的課程、培訓的收益、在培訓中如何學習，如何運用培訓當中所學到的知識、技能等方面的看法和想法，培訓師對學員所寫的內容、長短、形式等不加以限制，任由學員自由發揮。不過在分發這樣的問卷時，培訓師必須告知學員問卷是做什麼的，希望學員能夠將他們認為有關本次培訓的重要資訊寫出來。

在使用此類調查問卷時，培訓師必須注意：如果學員沒有寫出有關培訓某方面的內容，就說明培訓師在這方面的內容沒有給學員留下太多的印象。如果培訓師認為學員應該對某一方面的內容著重評價，而學員卻沒有談及，培訓師就要認真去尋找問題所在。或者學員認為不重要，沒有必要作評論；或者培訓師對這一方面的內容沒有陳述清楚；或者培訓師重點強調錯了；培訓師沒有給這一方面的內容安排足夠的講授時間；培訓師未能使用有效的輔助工具加以說明。

另外，培訓師還必須注意的一點是，自由發揮評估問卷需要較多的文字陳述，較多的做答時間，如果培訓師需要學員進行認真的評估，就必須安排足夠的時間給學員作答。

問卷七　培訓工作整體評估表（培訓師填寫）

培訓準備方面：

1. 此次培訓的準備時間有多久？

2. 準備的時間夠嗎？如果不夠，對培訓產生那些不良影響？

3. 在準備過程中，你遇到了什麼樣的難題？

4. 此次培訓的準備工作有那些方面需要改進？

5. 此次培訓的主題是什麼？

6. 如果課程是由你自己設計的，你認為自己設計的課程是否合理？為什麼？

培訓表現：

7. 你認為在這次培訓中最大的困難是什麼？

8. 你認為自己在培訓中那些方面做得比較好？

9. 在本次培訓中你認為你在那些方面做得不夠好？

10. 你對自己在本次培訓活動中的整體表現評價如何？

11. 你將如何改進自己的工作？

四、及時總結

當通過各種評估方法獲得一系列的資訊後，培訓師就要對這些評估方法進行分析、歸類和總結，你可以從下面幾個方面去思考：

⑴那些是對你肯定的評價；

⑵那些是你的不足之處；

⑶比較學員的評價與自我評價有何不同，為何會出現差異；

⑷分析意見的客觀性。

學員給你肯定評價，當然會令你欣慰，但是學員給你批評的意見，是否就該灰心喪氣呢？由於受到一定因素的影響，例如問卷的設計方式，學員的個人喜好等，學員提出的一些意見並不一定都是完全客觀正確的。在分析他人的評價時，你要帶著客觀的態度去分析，不要因為有太多的批評而盲目地沮喪，也不要自以為是，將他人客觀的批評置之不理。

五、卓越培訓師表單

表 17-2　自我介紹評價表

學員	站姿	衣飾	梳妝	眼神	表情	手勢	語言	自信	總分	改進事項說明

評分標準：優秀——5；一般——3；需改進——1。

表 17-3　授課計劃(教案)

<table>
<tr><td colspan="2">課程名稱</td><td></td><td colspan="2">課程時數</td><td colspan="2"></td><td colspan="2">培訓師</td><td></td></tr>
<tr><td colspan="4">課程目的：學完本課，受訓者將會：
1.
2.</td><td colspan="6">參加對象：</td></tr>
<tr><td>時間</td><td colspan="2">教什麼(知識或技能)</td><td colspan="3">方法或教學活動</td><td colspan="2">教材</td><td colspan="2">教具</td></tr>
<tr><td></td><td colspan="2"></td><td colspan="3"></td><td colspan="2"></td><td colspan="2"></td></tr>
<tr><td></td><td colspan="2"></td><td colspan="3"></td><td colspan="2"></td><td colspan="2"></td></tr>
<tr><td colspan="10">練習或現場參觀：</td></tr>
<tr><td colspan="10">學員作業：</td></tr>
<tr><td colspan="10">評價方法：</td></tr>
</table>

表 17-4　三分鐘演練評價表

主　題		學　員	
方　向	評核項目	評　分	觀察及建議事項
教學表達七 技 巧	1. 真情流露		
	2. 眼神接觸		
	3. 聲音語調		
	4. 面部表情		
	5. 手勢運用		
	6. 站姿移位		
	7. 善用停頓		
自我表現	1. 總體表現如何		
	2. 好的方面是		
	3. 不好的方面是		
	4. 意想不到的失誤是		
	5. 改進之道		
綜合建議：			

評分標準：優秀——5；一般——3；需改進——1。

表 17-5　培訓回饋表

<table>
<tr><td>主　題</td><td></td><td>學　員</td><td></td></tr>
<tr><td colspan="4">作為培訓師，我非常有興趣來提高我的技能，非常感謝你能參與到我的培訓中，請為下面的內容提供回饋，不勝感激。</td></tr>
<tr><td rowspan="6">你聽到了什麼</td><td>1. 聲音</td><td colspan="2"></td></tr>
<tr><td>2. 音調</td><td colspan="2"></td></tr>
<tr><td>3. 節奏</td><td colspan="2"></td></tr>
<tr><td>4. 停頓</td><td colspan="2"></td></tr>
<tr><td>5. 發音</td><td colspan="2"></td></tr>
<tr><td>6. 口頭語</td><td colspan="2"></td></tr>
<tr><td rowspan="5">你看到了什麼</td><td>1. 個體距離</td><td colspan="2"></td></tr>
<tr><td>2. 站立姿勢</td><td colspan="2"></td></tr>
<tr><td>3. 面部表情</td><td colspan="2"></td></tr>
<tr><td>4. 目光接觸</td><td colspan="2"></td></tr>
<tr><td>5. 神經過敏</td><td colspan="2"></td></tr>
<tr><td colspan="4">對於改進我的工作，你有何建議？</td></tr>
</table>

表 17-6　開課準備事項檢核清單

製表日期：____年____月____日

課程名稱			課程日期		
客戶名稱			學員人數		
培訓地點					
聯　繫　人			聯繫電話		
培　訓　師		時　　　數		培訓助理	
備　　　註					
培訓師接送安排					

課前準備事項(標誌「■」由××負責提供)

1. 使用器材

□電視機　　　　□錄放影機

□攝像機　　　　□錄放音機

□麥克風(無線)　□音響

□膠片投影儀　　□螢幕

□多媒體投影機

□白板　　　　　□白板筆、板擦

□計時器　　　　□簡報架(Flip Chart)

A1 規格

□鉛筆 30 支(帶橡皮)

□彩色筆(彩色白板筆)(15 隻)

□投影筆　　□無線遙控演示器(教鞭)

□手提電腦

□空白膠片　□透明膠

□A4 白紙若干(至少 50 張)

□海報紙　　　張(85 釐米×60 釐米)

□小禮品　　　件(可選項，有更佳)

□黃色便箋

培訓場地需要不少於　　　平方米

2. 需準備的資料

(請提前提供給培訓師)

■學員名單(含姓名、部門職稱、性別、年資)

□上課地點位置圖　　□其他

3. 教學場地佈置及學員分組

■分組式　　人一組，共　　組

多餘人員課桌式旁聽

場地示意圖：

講桌

表 17-7　培訓提問表

<table>
<tr><td>主題</td><td colspan="2"></td><td>學員</td><td></td></tr>
<tr><td rowspan="11">學員提問</td><td colspan="4">提前想出學員可能會在你下一次培訓中問到的問題，把它列舉出來，然後填上你的答案</td></tr>
<tr><td rowspan="2">1.</td><td>問　　題</td><td colspan="2"></td></tr>
<tr><td>我的答案</td><td colspan="2"></td></tr>
<tr><td rowspan="2">2.</td><td>問　　題</td><td colspan="2"></td></tr>
<tr><td>我的答案</td><td colspan="2"></td></tr>
<tr><td rowspan="2">3.</td><td>問　　題</td><td colspan="2"></td></tr>
<tr><td>我的答案</td><td colspan="2"></td></tr>
<tr><td rowspan="2">4.</td><td>問　　題</td><td colspan="2"></td></tr>
<tr><td>我的答案</td><td colspan="2"></td></tr>
<tr><td rowspan="2">5.</td><td>問　　題</td><td colspan="2"></td></tr>
<tr><td>我的答案</td><td colspan="2"></td></tr>
<tr><td rowspan="11">培訓師提問</td><td colspan="4">提前想出你可能會在下一次培訓中向學員問到的問題，把它列舉出來，然後填上你提出這個問題的作用</td></tr>
<tr><td rowspan="2">1.</td><td>問　　題</td><td colspan="2"></td></tr>
<tr><td>我的答案</td><td colspan="2"></td></tr>
<tr><td rowspan="2">2.</td><td>問　　題</td><td colspan="2"></td></tr>
<tr><td>我的答案</td><td colspan="2"></td></tr>
<tr><td rowspan="2">3.</td><td>問　　題</td><td colspan="2"></td></tr>
<tr><td>我的答案</td><td colspan="2"></td></tr>
<tr><td rowspan="2">4.</td><td>問　　題</td><td colspan="2"></td></tr>
<tr><td>我的答案</td><td colspan="2"></td></tr>
<tr><td rowspan="2">5.</td><td>問　　題</td><td colspan="2"></td></tr>
<tr><td>我的答案</td><td colspan="2"></td></tr>
</table>

表 17-8 男培訓師形象自檢表

項目	形象確認重點	分數
頭髮	1. 常洗常剪嗎？有無頭屑？ 2. 額前頭髮遮蓋眼睛嗎？長短合適嗎？要 15 天修理 1 次頭髮。	
面部	1. 臉上有清潔、健康之感嗎？會不會乾澀，或油光光的？ 2. 認真刷牙嗎？ 3. 常刮鬍子嗎？	
衣服	1. 適合工作環境嗎？ 2. 著裝端正，肩上無頭屑嗎？ 3. 穿新衣服時，精心整理嗎？	
襯衫	1. 不髒嗎？平整挺括，無污垢、斑點嗎？ 2. 平展嗎？紐扣結實嗎？	
褲子	1. 平整挺括、無污垢、斑點嗎？ 2. 褲子的拉鏈、紐扣結實嗎？	
衣袋	1. 衣內放有紙巾嗎？ 2. 袋內有無紙屑、髒物？	
手	1. 指甲認真修剪了嗎？ 2. 手指甲乾淨嗎？	
襪	1. 腳上的襪子乾淨嗎？每天換洗嗎？ 2. 襪子的顏色和服裝協調嗎？	
鞋	1. 上油擦亮了嗎？鞋後跟磨損變形了嗎？ 2. 鞋與衣服的顏色、款式協調、適合嗎？	
公事包	1. 擦洗得乾淨嗎？形狀保持未變嗎？ 2. 名片裝好了嗎？教學備品帶全了嗎？	

表 17-9　女培訓師形象自檢表

項目	形象確認重點	分數
頭髮	1. 常洗常剪嗎？頭上飾物會嘩眾取寵嗎？ 2. 額前頭髮遮蓋眼睛嗎？長短合適嗎？髮型有無妨礙工作？	
衣服	1. 無破損嗎？適合工作環境嗎？ 2. 常洗常熨嗎？肩上無頭屑嗎？	
化妝	1. 臉上有清潔、健康之感嗎？保養面部皮膚了嗎？ 2. 口紅、眼影濃淡適合嗎？口紅顏色相宜嗎？(避免使用偏白螢光型口紅)	
裙子	1. 無汙物嗎？ 2. 未綻線散開嗎？	
裝飾品	1. 不累贅礙事，引人注目嗎？ 2. 用造型奇特或顯孩子氣手錶嗎？	
手	1. 指甲認真修剪了嗎？手及指甲粗糙嗎？ 2. 手指甲太長嗎？指甲油過濃或出現脫落嗎？	
長筒襪	1. 顏色適當否？綻線否？	
鞋	1. 上油擦亮了嗎？形狀保持未變嗎？ 2. 鞋與衣服的顏色、款式協調、適合嗎？	
公事包	1. 擦洗得乾淨嗎？形狀保持未變嗎？ 2. 名片裝好了嗎？教學備品帶全了嗎？	

表 17-10　培訓綜合演練回饋表

（培訓師備忘錄）

回饋對象：＿＿＿＿＿＿

回 饋 者：＿＿＿＿＿＿

請用「V」表示「好的表現」，用「△」表示「需改進的方面」:	
一、風度	
具體表現行為	V/△
1. 空間：	
(1)注意儀表	
(2)從容地移動身體，不快也不慢有目的地在房間裏走動	
2. 站姿：	
(1)身體直立	
(2)站穩腳跟	
3. 手勢：	
(1)自然地揮動手臂	
(2)有目的地運用手勢語	
(3)恰當地指向聽眾	
(4)沒有小動作及不良手勢	
4. 面部表情：	
(1)微笑	
(2)充滿自信	
5. 眼神：	
(1)自然地掃視聽眾	
(2)保持與聽眾的目光接觸	
6. 聲音效果：	
(1)聲音抑揚頓挫	
(2)有目的地停頓	
(3)不背台詞	
(4)改變節奏，避免語氣單調	
(5)恰當地運用幽默	

續表

請用「Y」表示「是」，用「N」表示「否」：	
二、教學結構	Y/N
1. 開頭部份：	
(1)問候聽眾	
(2)定義話題	
(3)出示議程/計劃	
(4)陳述目標	
(5)說明益處	
(6)拋出引子	
2. 主體部份：	
(1)從開頭過渡到與內容/觀點	
(2)提供事實依據	
(3)運用事例	
(4)作出對比/對照	
(5)聯繫聽眾的需求	
3. 結尾部份：	
(1)回顧要點	
(2)強調重點	
(3)重申目標	
(4)提及理想的結果	
4. 總體：	
(1)開場白簡潔明瞭，吸引聽眾	
(2)所述信息是聽眾願意思考的且符合聽眾需求	
(3)按照議程做演示	
(4)所述信息要點明確	
(5)過渡自然、有效	
(6)注意聽眾的反映，及時與聽眾交流	
(7)清楚有效地作好總結	

續表

請用「Y」表示「是」，用「N」表示「否」:	
三、直觀教具	Y/N
1. 投影膠片： (1)寫明標題 (2)每張膠片有一個主題 (3)語句簡潔 (4)字體的大小適中，清晰可讀 (5)如有可能，增加圖片和圖表 2. 操作投影儀： (1)對準焦距 (2)站立一側 (3)有效地使用指示物 (4)展示膠片時，面向聽眾 (5)恰當地使用揭示/覆蓋技巧 (6)使用時才將投影儀打開 (7)及時關機	
四、徵答問題	Y/N
1. 解答問題： (1)結束時徵詢聽眾意見 (2)回答之前先意譯聽到的問題 (3)簡要地回答問題 (4)詢問是否滿意 2. 表明立場： (1)主動提出查找資料 (2)提出事後處理該問題 3. 應對敵對情緒： (1)感謝聽眾提出問題 (2)重申事實根據/優勢 (3)有效避免衝突	

表 17-11　培訓師培訓流程自我檢查表

培訓準備	培訓前	培訓中	培訓後
資料準備 (1)課程計劃 (2)培訓師手冊和學員講義 (3)簽到表 (4)預測試卷和預讀材料 (5)培訓日程安排（提前一週通知）	學員簽到 (1)每一位學員都必須簽到 (2)學員銘牌安放 (3)缺席人員報告	課堂管理 (1)守時紀律 (2)手機靜音 (3)開小會 (4)安全和平等	學員測驗 (1)角色演練/書面試卷/演示/實際操作等 (2)對不合格者的重新測試 (3)將評估測試結果報告有關部門和人員 (4)學員培訓報告（匯總各項內容和數據）
設施檢查 (1)培訓設備安裝調試 (2)培訓用投影儀/白板/白報紙/筆/錄影帶等器材準備 (3)應急備用方案	開場白 (1)歡迎詞 (2)相互介紹 (3)培訓要求和課堂規則宣佈	授課技巧運用 (1)講課和活動的平衡 (2)雙向溝通 (3)對學員理解情況的檢驗 (4)吸引注意力 (5)宣導知識分享 (6)困難和問題的及時解決	總結 (1)要點回顧和重覆 (2)對照檢查學員期望是否被滿足 (3)還有其他問題嗎
學習環境 (1)培訓場地大小 (2)課堂佈置形式 (3)燈光/冷氣機/音響等	目標和期望 (1)明確學習目標 (2)獲取學員期望 (3)宣佈你的期望 (4)將所有期望寫在白板上（以便培訓結束時對照）	練習和討論 (1)組織監控討論和練習 (2)解答討論中出現的問題 (3)單獨輔導	對培訓效果的評估（學員完成） (1)好的和有待改進的 (2)填寫培訓評估表

續表

培訓準備	培訓前	培訓中	培訓後
學員 (1)目標聽眾 (2)學員名單，銘牌 (3)調查問卷(學員需求以及學員上級的需求)	預測試／預讀情況回顧 (1)問題解答 (2)預讀情況檢查 (3)測試結果放入學員培訓情況報告中	時間管理 (1)休息 (2)午餐 (3)練習和討論時間的控制 (4)準時開始和結束	培訓報告(培訓師完成) (1)課程報告(每個學員的成績、參加情況、測試情況及評語、學時統計、費用報告、根據效果評估，檢查培訓要求有否被滿足、改進計劃) (2)學員培訓評估報告 (3)將培訓報告遞交有關部門和人員(最好有限定時間)
學員預測試 (1)試卷發放和收回 (2)測試結果分析	培訓議程介紹 (1)課程總體介紹 (2)議程和時間安排	課後作業的佈置 (1)提前安排回家作業 (2)保證每個學員明確作業要求 (3)及時回收和完成情況統計	學員證書 (1)預先準備 (2)確定需要誰簽字 (3)證書頒發

146	主管階層績效考核手冊	360 元
147	六步打造績效考核體系	360 元
148	六步打造培訓體系	360 元
149	展覽會行銷技巧	360 元
150	企業流程管理技巧	360 元
152	向西點軍校學管理	360 元
154	領導你的成功團隊	360 元
155	頂尖傳銷術	360 元
160	各部門編制預算工作	360 元
163	只為成功找方法，不為失敗找藉口	360 元
167	網路商店管理手冊	360 元
168	生氣不如爭氣	360 元
170	模仿就能成功	350 元
176	每天進步一點點	350 元
181	速度是贏利關鍵	360 元
183	如何識別人才	360 元
184	找方法解決問題	360 元
185	不景氣時期，如何降低成本	360 元
186	營業管理疑難雜症與對策	360 元
187	廠商掌握零售賣場的竅門	360 元
188	推銷之神傳世技巧	360 元
189	企業經營案例解析	360 元
191	豐田汽車管理模式	360 元
192	企業執行力（技巧篇）	360 元
193	領導魅力	360 元
198	銷售說服技巧	360 元
199	促銷工具疑難雜症與對策	360 元
200	如何推動目標管理（第三版）	390 元
201	網路行銷技巧	360 元
204	客戶服務部工作流程	360 元
206	如何鞏固客戶（增訂二版）	360 元
208	經濟大崩潰	360 元
215	行銷計劃書的撰寫與執行	360 元
216	內部控制實務與案例	360 元
217	透視財務分析內幕	360 元
219	總經理如何管理公司	360 元
222	確保新產品銷售成功	360 元
223	品牌成功關鍵步驟	360 元
224	客戶服務部門績效量化指標	360 元

226	商業網站成功密碼	360 元
228	經營分析	360 元
229	產品經理手冊	360 元
230	診斷改善你的企業	360 元
232	電子郵件成功技巧	360 元
234	銷售通路管理實務〈增訂二版〉	360 元
235	求職面試一定成功	360 元
236	客戶管理操作實務〈增訂二版〉	360 元
237	總經理如何領導成功團隊	360 元
238	總經理如何熟悉財務控制	360 元
239	總經理如何靈活調動資金	360 元
240	有趣的生活經濟學	360 元
241	業務員經營轄區市場（增訂二版）	360 元
242	搜索引擎行銷	360 元
243	如何推動利潤中心制度（增訂二版）	360 元
244	經營智慧	360 元
245	企業危機應對實戰技巧	360 元
246	行銷總監工作指引	360 元
247	行銷總監實戰案例	360 元
248	企業戰略執行手冊	360 元
249	大客戶搖錢樹	360 元
252	營業管理實務（增訂二版）	360 元
253	銷售部門績效考核量化指標	360 元
254	員工招聘操作手冊	360 元
256	有效溝通技巧	360 元
258	如何處理員工離職問題	360 元
259	提高工作效率	360 元
261	員工招聘性向測試方法	360 元
262	解決問題	360 元
263	微利時代制勝法寶	360 元
264	如何拿到 VC（風險投資）的錢	360 元
267	促銷管理實務〈增訂五版〉	360 元
268	顧客情報管理技巧	360 元
269	如何改善企業組織績效〈增訂二版〉	360 元
270	低調才是大智慧	360 元

272	主管必備的授權技巧	360 元
275	主管如何激勵部屬	360 元
276	輕鬆擁有幽默口才	360 元
278	面試主考官工作實務	360 元
279	總經理重點工作（增訂二版）	360 元
282	如何提高市場佔有率（增訂二版）	360 元
283	財務部流程規範化管理（增訂二版）	360 元
284	時間管理手冊	360 元
285	人事經理操作手冊（增訂二版）	360 元
286	贏得競爭優勢的模仿戰略	360 元
287	電話推銷培訓教材（增訂三版）	360 元
288	贏在細節管理（增訂二版）	360 元
289	企業識別系統 CIS（增訂二版）	360 元
290	部門主管手冊（增訂五版）	360 元
291	財務查帳技巧（增訂二版）	360 元
292	商業簡報技巧	360 元
293	業務員疑難雜症與對策（增訂二版）	360 元
295	哈佛領導力課程	360 元
296	如何診斷企業財務狀況	360 元
297	營業部轄區管理規範工具書	360 元
298	售後服務手冊	360 元
299	業績倍增的銷售技巧	400 元
300	行政部流程規範化管理（增訂二版）	400 元
302	行銷部流程規範化管理（增訂二版）	400 元
304	生產部流程規範化管理（增訂二版）	400 元
305	績效考核手冊（增訂二版）	400 元
307	招聘作業規範手冊	420 元
308	喬・吉拉德銷售智慧	400 元
309	商品鋪貨規範工具書	400 元
310	企業併購案例精華（增訂二版）	420 元
311	客戶抱怨手冊	400 元
312	如何撰寫職位說明書（增訂二版）	400 元
313	總務部門重點工作（增訂三版）	400 元
314	客戶拒絕就是銷售成功的開始	400 元
315	如何選人、育人、用人、留人、辭人	400 元
316	危機管理案例精華	400 元
317	節約的都是利潤	400 元
318	企業盈利模式	400 元
319	應收帳款的管理與催收	420 元
320	總經理手冊	420 元
321	新產品銷售一定成功	420 元
322	銷售獎勵辦法	420 元
323	財務主管工作手冊	420 元
324	降低人力成本	420 元
325	企業如何制度化	420 元
326	終端零售店管理手冊	420 元
327	客戶管理應用技巧	420 元
328	如何撰寫商業計畫書（增訂二版）	420 元
329	利潤中心制度運作技巧	420 元
330	企業要注重現金流	420 元
331	經銷商管理實務	450 元
332	內部控制規範手冊（增訂二版）	420 元
333	人力資源部流程規範化管理（增訂五版）	420 元
334	各部門年度計劃工作（增訂三版）	420 元
335	人力資源部官司案件大公開	420 元
336	高效率的會議技巧	420 元
337	企業經營計劃〈增訂三版〉	420 元

《商店叢書》

18	店員推銷技巧	360 元
30	特許連鎖業經營技巧	360 元
35	商店標準操作流程	360 元
36	商店導購口才專業培訓	360 元
37	速食店操作手冊〈增訂二版〉	360 元

38	網路商店創業手冊〈增訂二版〉	360 元
40	商店診斷實務	360 元
41	店鋪商品管理手冊	360 元
42	店員操作手冊（增訂三版）	360 元
44	店長如何提升業績〈增訂二版〉	360 元
45	向肯德基學習連鎖經營〈增訂二版〉	360 元
47	賣場如何經營會員制俱樂部	360 元
48	賣場銷量神奇交叉分析	360 元
49	商場促銷法寶	360 元
53	餐飲業工作規範	360 元
54	有效的店員銷售技巧	360 元
55	如何開創連鎖體系〈增訂三版〉	360 元
56	開一家穩賺不賠的網路商店	360 元
57	連鎖業開店複製流程	360 元
58	商鋪業績提升技巧	360 元
59	店員工作規範（增訂二版）	400 元
61	架設強大的連鎖總部	400 元
62	餐飲業經營技巧	400 元
64	賣場管理督導手冊	420 元
65	連鎖店督導師手冊（增訂二版）	420 元
67	店長數據化管理技巧	420 元
68	開店創業手冊〈增訂四版〉	420 元
69	連鎖業商品開發與物流配送	420 元
70	連鎖業加盟招商與培訓作法	420 元
71	金牌店員內部培訓手冊	420 元
72	如何撰寫連鎖業營運手冊〈增訂三版〉	420 元
73	店長操作手冊（增訂七版）	420 元
74	連鎖企業如何取得投資公司注入資金	420 元
75	特許連鎖業加盟合約（增訂二版）	420 元
76	實體商店如何提昇業績	420 元
77	連鎖店操作手冊（增訂六版）	420 元

《工廠叢書》

15	工廠設備維護手冊	380 元
16	品管圈活動指南	380 元
17	品管圈推動實務	380 元
20	如何推動提案制度	380 元
24	六西格瑪管理手冊	380 元
30	生產績效診斷與評估	380 元
32	如何藉助 IE 提升業績	380 元
46	降低生產成本	380 元
47	物流配送績效管理	380 元
51	透視流程改善技巧	380 元
55	企業標準化的創建與推動	380 元
56	精細化生產管理	380 元
57	品質管制手法〈增訂二版〉	380 元
58	如何改善生產績效〈增訂二版〉	380 元
68	打造一流的生產作業廠區	380 元
70	如何控制不良品〈增訂二版〉	380 元
71	全面消除生產浪費	380 元
72	現場工程改善應用手冊	380 元
77	確保新產品開發成功（增訂四版）	380 元
79	6S 管理運作技巧	380 元
84	供應商管理手冊	380 元
85	採購管理工作細則〈增訂二版〉	380 元
88	豐田現場管理技巧	380 元
89	生產現場管理實戰案例〈增訂三版〉	380 元
92	生產主管操作手冊(增訂五版)	420 元
93	機器設備維護管理工具書	420 元
94	如何解決工廠問題	420 元
96	生產訂單運作方式與變更管理	420 元
97	商品管理流程控制(增訂四版)	420 元
101	如何預防採購舞弊	420 元
102	生產主管工作技巧	420 元
103	工廠管理標準作業流程〈增訂三版〉	420 元
104	採購談判與議價技巧〈增訂三版〉	420 元

105	生產計劃的規劃與執行(增訂二版)	420 元
107	如何推動 5S 管理（增訂六版）	420 元
108	物料管理控制實務〈增訂三版〉	420 元
109	部門績效考核的量化管理（增訂七版）	420 元
110	如何管理倉庫〈增訂九版〉	420 元
111	品管部操作規範	420 元
112	採購管理實務〈增訂八版〉	420 元
113	企業如何實施目視管理	420 元
114	如何診斷企業生產狀況	420 元

《醫學保健叢書》

1	9 週加強免疫能力	320 元
3	如何克服失眠	320 元
5	減肥瘦身一定成功	360 元
6	輕鬆懷孕手冊	360 元
7	育兒保健手冊	360 元
8	輕鬆坐月子	360 元
11	排毒養生方法	360 元
13	排除體內毒素	360 元
14	排除便秘困擾	360 元
15	維生素保健全書	360 元
16	腎臟病患者的治療與保健	360 元
17	肝病患者的治療與保健	360 元
18	糖尿病患者的治療與保健	360 元
19	高血壓患者的治療與保健	360 元
22	給老爸老媽的保健全書	360 元
23	如何降低高血壓	360 元
24	如何治療糖尿病	360 元
25	如何降低膽固醇	360 元
26	人體器官使用說明書	360 元
27	這樣喝水最健康	360 元
28	輕鬆排毒方法	360 元
29	中醫養生手冊	360 元
30	孕婦手冊	360 元
31	育兒手冊	360 元
32	幾千年的中醫養生方法	360 元
34	糖尿病治療全書	360 元
35	活到 120 歲的飲食方法	360 元
36	7 天克服便秘	360 元
37	為長壽做準備	360 元
39	拒絕三高有方法	360 元
40	一定要懷孕	360 元
41	提高免疫力可抵抗癌症	360 元
42	生男生女有技巧〈增訂三版〉	360 元

《培訓叢書》

11	培訓師的現場培訓技巧	360 元
12	培訓師的演講技巧	360 元
15	戶外培訓活動實施技巧	360 元
17	針對部門主管的培訓遊戲	360 元
21	培訓部門經理操作手冊（增訂三版）	360 元
23	培訓部門流程規範化管理	360 元
24	領導技巧培訓遊戲	360 元
26	提升服務品質培訓遊戲	360 元
27	執行能力培訓遊戲	360 元
28	企業如何培訓內部講師	360 元
31	激勵員工培訓遊戲	420 元
32	企業培訓活動的破冰遊戲（增訂二版）	420 元
33	解決問題能力培訓遊戲	420 元
34	情商管理培訓遊戲	420 元
35	企業培訓遊戲大全(增訂四版)	420 元
36	銷售部門培訓遊戲綜合本	420 元
37	溝通能力培訓遊戲	420 元
38	如何建立內部培訓體系	420 元
39	團隊合作培訓遊戲(增訂四版)	420 元
40	培訓師手冊（增訂六版）	420 元

《傳銷叢書》

4	傳銷致富	360 元
5	傳銷培訓課程	360 元
10	頂尖傳銷術	360 元
12	現在輪到你成功	350 元
13	鑽石傳銷商培訓手冊	350 元
14	傳銷皇帝的激勵技巧	360 元
15	傳銷皇帝的溝通技巧	360 元
19	傳銷分享會運作範例	360 元
20	傳銷成功技巧（增訂五版）	400 元
21	傳銷領袖（增訂二版）	400 元

22	傳銷話術	400 元
23	如何傳銷邀約	400 元

《幼兒培育叢書》

1	如何培育傑出子女	360 元
2	培育財富子女	360 元
3	如何激發孩子的學習潛能	360 元
4	鼓勵孩子	360 元
5	別溺愛孩子	360 元
6	孩子考第一名	360 元
7	父母要如何與孩子溝通	360 元
8	父母要如何培養孩子的好習慣	360 元
9	父母要如何激發孩子學習潛能	360 元
10	如何讓孩子變得堅強自信	360 元

《成功叢書》

1	猶太富翁經商智慧	360 元
2	致富鑽石法則	360 元
3	發現財富密碼	360 元

《企業傳記叢書》

1	零售巨人沃爾瑪	360 元
2	大型企業失敗啟示錄	360 元
3	企業併購始祖洛克菲勒	360 元
4	透視戴爾經營技巧	360 元
5	亞馬遜網路書店傳奇	360 元
6	動物智慧的企業競爭啟示	320 元
7	CEO 拯救企業	360 元
8	世界首富　宜家王國	360 元
9	航空巨人波音傳奇	360 元
10	傳媒併購大亨	360 元

《智慧叢書》

1	禪的智慧	360 元
2	生活禪	360 元
3	易經的智慧	360 元
4	禪的管理大智慧	360 元
5	改變命運的人生智慧	360 元
6	如何吸取中庸智慧	360 元
7	如何吸取老子智慧	360 元
8	如何吸取易經智慧	360 元
9	經濟大崩潰	360 元
10	有趣的生活經濟學	360 元
11	低調才是大智慧	360 元

《DIY 叢書》

1	居家節約竅門 DIY	360 元
2	愛護汽車 DIY	360 元
3	現代居家風水 DIY	360 元
4	居家收納整理 DIY	360 元
5	廚房竅門 DIY	360 元
6	家庭裝修 DIY	360 元
7	省油大作戰	360 元

《財務管理叢書》

1	如何編制部門年度預算	360 元
2	財務查帳技巧	360 元
3	財務經理手冊	360 元
4	財務診斷技巧	360 元
5	內部控制實務	360 元
6	財務管理制度化	360 元
8	財務部流程規範化管理	360 元
9	如何推動利潤中心制度	360 元

分類

為方便讀者選購，本公司將一部分上述圖書又加以專門分類如下：

《主管叢書》

1	部門主管手冊（增訂五版）	360 元
2	總經理手冊	420 元
4	生產主管操作手冊（增訂五版）	420 元
5	店長操作手冊（增訂六版）	420 元
6	財務經理手冊	360 元
7	人事經理操作手冊	360 元
8	行銷總監工作指引	360 元
9	行銷總監實戰案例	360 元

《總經理叢書》

1	總經理如何經營公司(增訂二版)	360 元
2	總經理如何管理公司	360 元
3	總經理如何領導成功團隊	360 元
4	總經理如何熟悉財務控制	360 元
5	總經理如何靈活調動資金	360 元
6	總經理手冊	420 元

《人事管理叢書》

1	人事經理操作手冊	360 元
2	員工招聘操作手冊	360 元
3	員工招聘性向測試方法	360 元

5	總務部門重點工作（增訂三版）	400 元
6	如何識別人才	360 元
7	如何處理員工離職問題	360 元
8	人力資源部流程規範化管理（增訂四版）	420 元
9	面試主考官工作實務	360 元
10	主管如何激勵部屬	360 元
11	主管必備的授權技巧	360 元
12	部門主管手冊（增訂五版）	360 元

《理財叢書》

1	巴菲特股票投資忠告	360 元
2	受益一生的投資理財	360 元
3	終身理財計劃	360 元
4	如何投資黃金	360 元
5	巴菲特投資必贏技巧	360 元
6	投資基金賺錢方法	360 元
7	索羅斯的基金投資必贏忠告	360 元
8	巴菲特為何投資比亞迪	360 元

《網路行銷叢書》

1	網路商店創業手冊〈增訂二版〉	360 元
2	網路商店管理手冊	360 元
3	網路行銷技巧	360 元
4	商業網站成功密碼	360 元
5	電子郵件成功技巧	360 元
6	搜索引擎行銷	360 元

《企業計劃叢書》

1	企業經營計劃〈增訂二版〉	360 元
2	各部門年度計劃工作	360 元
3	各部門編制預算工作	360 元
4	經營分析	360 元
5	企業戰略執行手冊	360 元

建立企業圖書館

培訓叢書 (40)　　售價：420 元

培訓師手冊（增訂六版）

西元二〇二〇年四月　　增訂六版一刷
西元二〇一六年十二月　　五版二刷
西元二〇一四年六月　　五版一刷

編著：張可武　任賢旺　黃憲仁

策劃：麥可國際出版有限公司（新加坡）

編輯：蕭玲

校對：劉飛娟

發行人：黃憲仁

發行所：憲業企管顧問有限公司

電話：(02) 2762-2241　(03) 9310960　0930872873

電子郵件聯絡信箱：huang2838@yahoo.com.tw

銀行 ATM 轉帳：合作金庫銀行　帳號：5034-717-347447

郵政劃撥：18410591　憲業企管顧問有限公司

登記證：行政業新聞局版台業字第 6380 號

本圖書是由憲業企管顧問（集團）公司所出版，以專業立場，為企業界提供最專業的各種經營管理類圖書。

圖書編號 ISBN：978-986-369-091-7